环江油田致密油高效开发与配套技术

吴晓明　著

U0255020

中国石化出版社

图书在版编目（CIP）数据

环江油田致密油高效开发与配套技术/吴晓明等著.
—北京：中国石化出版社，2021.10
ISBN 978－7－5114－6495－8

Ⅰ.①环… Ⅱ.①吴… Ⅲ.①油田开发－研究－环江
毛南族自治县 Ⅳ.①TE34

中国版本图书馆 CIP 数据核字（2021）第 220876 号

中国石化出版社出版发行
地址：北京市东城区安定门外大街 58 号
邮编：100011 电话：(010)57512500
发行部电话：(010)57512575
http://www.sinopec-press.com
E-mail：press@sinopec.com
北京艾普海德印刷有限公司印刷
全国各地新华书店经销
＊
710×1000 毫米 16 开本 10.25 印张 205 千字
2022 年 1 月第 1 版 2022 年 1 月第 1 次印刷
定价：62.00 元

编　委　会

目　　录

第1章　致密油田概述

致密油指以吸附或游离状态赋存于致密储集层中的非常规石油资源，是烃源岩处于"生油窗"、源－储互层或紧邻、未经过大规模长距离运移的石油聚集。单井无自然产能或自然产能低于商业石油产量下限，但在一定经济条件和技术措施下可获得商业石油产量。

一般来说，致密油具有 4 个明显的标志：①大面积分布的致密储层[孔隙度 $\Phi < 10\%$ 、基质覆压渗透率$(K) < 0.1 \times 10^{-3} \mu m^2$、孔喉直径$(d_n) < 1\mu m$]；②广覆式分布的成熟优质生油层（Ⅰ型或Ⅱ型干酪根，平均 TOC 大于 1%，R_0 为 $0.6\% \sim 1.3\%$）；③连续性分布的致密储层与生油岩紧密接触的共生关系，无明显圈闭边界，无"油藏"的概念；④致密储层内原油密度大于 $40°$ API 或小于 $0.825 g/cm^3$，油质较轻。

致密油主要赋存空间分为两种类型：一类是源岩内部的碳酸盐岩或碎屑岩夹层中，另一类为紧邻源岩的致密层中。

致密油田是以开采致密油为主的油田。

第1节　致密油评价指标

致密油是一种典型的非常规油气资源，能否形成规模并实现经济开发，主要取决于以下 10 项关键评价指标：

（1）孔隙度和渗透率。孔隙度和渗透率是描述储层储集和渗流能力的物性参数，根据现行的储层分类标准和国内外勘探开发时间，一般情况下，致密油储层孔隙度小于 10%，基质覆压渗透率小于 $0.1 \times 10^{-3} \mu m^2$。

（2）基质孔隙类型。致密油储集空间包括有机孔、无机孔和裂缝，其中，有机孔以干酪根纳米孔为主，无机孔以溶蚀孔和残余原生孔为主。

（3）构造背景。致密油一般分布于凹陷或斜坡部位，构造相对简单，有利于大面积含油。

(4)分布面积与储层厚度。这两项地质参数决定了致密油的储量规模和经济开发价值。根据国内外数据统计，北美地区致密油分布面积一般大于 $1 \times 10^4 km^2$，储层厚度变化大，一般为 5~60m；中国主要盆地致密油有利区面积一般小于 $2000km^2$，储层厚度为 10~80m。

(5)有机碳含量和成熟度。这两项参数决定了致密油的生烃条件，一般 TOC 大于 1%，R_0 为 0.6%~1.3%。北美地区致密油区的烃源岩有机质丰度较高，TOC 一般为 4%~10%。

(6)地层压力。北美地区致密油层一般为超压，我国除鄂尔多斯盆地为低压异常外，其他盆地致密油层大多具有异常超压，地层压力系数一般大于 1.2。

(7)流体性质及可流动性。致密油质轻，以轻质油为主，原油密度一般大于 40°API 或小于 $0.825g/cm^3$，流动性好。

(8)钻井深度。致密油层埋藏深度适中，一般为 1000~3500m，有利于后期开发。

(9)可压裂性。

(10)地面条件。地面条件决定了工程施工的难度，对开发成本有重要影响。

第 2 节　致密油储层分类

将空气渗透率为 $1 \times 10^{-3} \mu m^2$（一般基质覆压渗透率为 $0.1 \times 10^{-3} \mu m^2$）作为为致密油储层渗透率上限，对我国主要致密油储层孔隙度进行概率统计。依据统计结果，基本可将致密油储层划分为 3 类：Ⅰ类储层的孔隙度为 7%~10%，Ⅱ类储层的孔隙度为 4%~7%，Ⅲ类储层的孔隙度小于 4%。

划分依据：①孔隙度为 7% 是不含水状态下轻质油在低渗透岩石中的渗流界限。孔隙度大于 7%，轻质油可以达西流动状态相对自由流动；孔隙度小于 7%，轻质油的流动状态以非达西渗流为主，将存在启动压力梯度，其流动将受到很大限制；②孔隙度小于 4% 的致密储层以纳米孔为主，仍赋存一定资源，但由于开发成本高，经济开采难度大，资源品质较差。

第 3 节　中国致密油分布及特征

一、中国致密油分布

我国具有丰富的致密油资源，地质资源量达 $178.2 \times 10^8 t$。其中，中西部的鄂尔多斯盆地、四川盆地、准噶尔盆地、柴达木盆地和酒泉盆地等的致密油资源占整个中国致密油资源的 74%。

全球致密油资源主要分布在北美、加拿大、俄罗斯、中国等国家，2015 年，已探明地质储量为 $867.3 \times 10^8 t$，探明可采地质储量为 $93.4 \times 10^8 t$。我国致密油资源主要分布于鄂尔多斯盆地、准噶尔盆地、塔里木盆地等 9 个盆地，地质储量达 $178.2 \times 10^8 t$，探明可采地质储量为 $14.54 \times 10^8 t$。

二、中国致密油总体特征与类型划分

致密油的共同特点是烃源岩处于"生油窗"、源－储互层或紧邻、储层致密，且未经过大规模长距离运移。分析我国主要含油气盆地油气生成与演化特点认为，我国的致密油主要分布在陆相湖盆沉积体系内，以中生代、新生代沉积为主，总体表现为以下特征：①中国陆相盆地类型主要包括断陷盆地、坳陷盆地、前陆盆地等，发育多个生油凹陷，为致密油的形成创造了有利条件；②存在多套优质烃源岩，有机质丰度高，处于生油演化阶段，其中，最有利于形成致密油的生油岩 TOC 一般大于 1%，R_o 为 0.9% ~ 1.3%；气－油比高，易于实现高产；③致密储层分为碳酸盐岩储层和砂岩储层两大类，岩性多样，其中，砂岩横向变化大，部分薄互层，碳酸盐岩厚度相对较大；④中国致密油区分布面积、规模相对较小，一般单个面积小于 $2000 km^2$；⑤晚期构造变动复杂，对致密油的保存有一定影响。

从湖盆类型和沉积环境来看，我国的与主力生油岩之间存在紧密接触关系的致密储层主要有 3 种成因类型：①与湖泊咸化作用相关的咸化湖泊碳酸盐沉积环境。该类环境优质烃源岩与碳酸盐富集层或膏盐层呈互层分布，咸化湖泊碳酸盐岩夹持在半深湖－深湖相暗色泥页岩中，致密油成藏条件优越。②深湖水下前三角洲沉积环境。该类环境在满足优质泥质烃源岩沉积的同时，与三角洲前缘输送的薄层粉细砂岩互层或紧邻，为源－储紧密接触的致密层段。③深湖凹陷或斜坡

部位受扰动而出现的重力流沉积环境。该类环境本身处于生烃凹陷中心部位，重力流沉积体和烃源岩直接接触。

依据 3 种成因类型的致密储层及致密油体系的地质特点，将中国致密油划分为 3 种类型：①湖相碳酸盐岩致密油。致密储层为白云岩、白云石化岩类、介壳灰岩、藻灰岩和泥质灰岩等。②深湖水下三角洲砂岩致密油。致密储层主要为三角洲前缘的前三角洲形成的砂 – 泥薄互层沉积体。③深湖重力流砂岩致密油。致密储层主要为砂质碎屑流和浊流形成的以砂质为主的丘状混合沉积体。

三、湖相碳酸盐岩致密油基本特征

碳酸盐岩沉积主要发育在湖盆浅水地带，与陆源碎屑的沉积环境相斥，而与蒸发岩的沉积环境关系密切，明显受控于古气候、古水动力和古水介质条件的变化，主要发育生物灰岩、藻灰岩、泥质灰岩、白云岩及白云石化岩类等岩石类型。中国湖相碳酸盐沉积主要发育于二叠纪、侏罗纪、白垩纪和古近纪。二叠系湖相碳酸盐岩主要分布在准噶尔盆地、三塘湖盆地等，以咸化湖盆沉积的白云岩及白云石化岩类为主。侏罗系湖相碳酸盐岩主要分布在四川盆地、鄂尔多斯盆地等。白垩系湖相碳酸盐岩主要分布在松辽盆地、酒西盆地等。至古近纪，湖相碳酸盐岩的发育达到全盛时期，除前述地区和盆地普遍发育外，南方的衡阳盆地、三水盆地和百色盆地等也有发现。研究证实，陆相优质烃源岩的形成与湖盆咸化作用密切相关。中国中生代、新生代陆相盆地，如松辽盆地、渤海湾盆地、鄂尔多斯盆地、柴达木盆地、江汉盆地、苏北盆地和珠江口盆地等，除煤系沉积外，优质烃源岩均与咸化湖盆有关。有机质丰度高（TOC > 1%）的烃源岩均不同程度地与碳酸盐、硫酸盐或氯化盐矿物共生，有时优质烃源岩与碳酸盐富集层或膏盐层呈互层状分布，有利于形成湖相碳酸盐岩致密油。

从我国湖相碳酸盐岩致密油储层岩性来看，咸化湖泊白云岩及白云石化岩类最为有利，该类储层夹持在半深湖 – 深湖相暗色泥页岩中，埋深一般小于3500m，分布广泛，凹陷和斜坡区都有发现。目前，该类致密油在准噶尔盆地和三塘湖盆地二叠系、酒西盆地和江汉盆地白垩系、柴达木盆地和渤海湾盆地古近系等均有发现，其中，准噶尔盆地中二叠统芦草沟组的致密油分布最为典型。

四、深湖水下三角洲砂岩致密油基本特征

湖泊三角洲是河流入湖形成的陆源碎屑沉积体系，多出现于湖盆深陷后的抬

升期，可进一步划分为三角洲平原、三角洲前缘和前三角洲 3 个亚相带。前三角洲位于三角洲前缘的外缘，是三角洲中最细物质的沉积区，分布面积广，以暗色泥岩为主，夹薄层粉砂岩，逐渐向深湖区过渡。前三角洲相带薄层粉细砂岩与优质烃源岩互层或紧邻，致密油成藏条件较好，是深湖水下三角洲砂岩致密油分布的主要沉积相带。

深湖水下三角洲砂岩致密油在中国广泛分布，松辽盆地青山口组和泉头组、渤海湾盆地沙河街组、鄂尔多斯盆地延长组以及四川盆地中－下侏罗统均有发现。

五、深湖重力流砂岩致密油基本特征

我国中生代、新生代陆相湖盆中，重力流砂体广泛发育，主要分为砂质碎屑流岩体、经典浊积岩和滑塌岩 3 种类型。砂质碎屑流岩体分布最广，由于沉积时流体密度较大，往往呈不规则的舌状体分布在盆地斜坡部位，砂体形状为连续块状。经典浊积岩所占比例较小，沉积时流体密度较小，可以延伸到盆地平原地区，与砂质碎屑流岩体的主要区别在于为平面上为有水道的扇体，砂体形态为孤立透镜状或薄层席状。滑塌岩则是在深水环境中由于滑动、滑塌作用形成的变形体，砂泥混杂，分选很差。大量岩心观察表明，砂质碎屑流岩体连续厚度较大，含油性最好（含有级别为饱含油）；经典浊积岩因砂－泥频繁互层，韵律层理发育，只有鲍马层序 A 段含油性较好（富含油或油浸）；滑塌岩含油性较差（油斑或油迹）。深湖砂质碎屑流和浊流沉积体是深湖重力流砂岩致密油赋存的主要储集体类型，该身处于生烃凹陷中心部位，储集体与烃源岩直接接触，有利于形成规模较大的致密油区。

深湖重力流砂岩致密油在鄂尔多斯盆地延长组、渤海湾盆地沙河街组等地层中均有发现，其中，最典型的代表是鄂尔多斯盆地上三叠统延长组长 6 段、长 7 段致密油。

鄂尔多斯盆地长 6 段、长 7 段深湖重力流砂岩致密油发现于 20 世纪 80 年代中期，其重力流沉积体岩性复杂，砂岩厚度一般为 5～25m，以细砂、极细砂为主，孔喉细小，主要储集空间为粒间孔、溶蚀孔和晶间孔，孔隙度一般为 4%～10%，渗透率一般小于 $0.3 \times 10^{-3} \mu m^2$。长 7 段沉积时，盆地处于最大湖泛期，湖盆中心与斜坡发育大面积的砂质碎屑流和浊积扇砂体。长 6 段沉积时，随着湖盆逐渐萎缩，侵蚀基准面持续降低，物源区剥蚀量不断增大，三角洲前缘砂体重力滑塌普遍。晚三叠世，鄂尔多斯盆地周边构造运动频繁，火山和地震多发，具备发育重力流沉积的条件，在长6-长7段中发育多套薄层和纹层状凝灰岩，单层一般厚0.3~40cm，常常夹持在砂质碎屑流或浊流砂体中。岩心中可见与地震活动有关的微同沉积断裂、以张性断裂为主的震裂缝和地震角砾岩等。

长7段是鄂尔多斯盆地主力生油岩，有机质丰度较高，有机碳含量为12.75%，生烃潜力平均为43.58mg/g，氯仿沥青"A"含量平均为0.896%，氢指数(HI)为200~400mg/g，干酪根类型以II_1型为主，R_0为0.7%~1.16%。长7段生成的石油短距离运移到长6段、长7段深湖重力流砂岩中聚集，形成了我国最有代表性的致密油资源。

第4节　环江油田致密油藏勘探简况

环江地区石油勘探从2004年开始，在地震预测、沉积相、储层特征和成藏圈闭等综合研究的基础上，坚持"整体勘探，立体评价；立足大场面，兼探中浅层"的原则进行勘探、评价，共完钻预探井、评价井384口，其中，276口井钻遇长8油层、长6油层或4+5油层；218口井获工业油流，平均试油产量14.4t/d。目前已发现三叠系延长组长3油层、长4+5油层、长6油层、长7油层、长8油层、长9油层和侏罗系延安组延6油层、延7油层、延8油层、延9油层、延10油层等多套含油层系。

通过地震储层预测及地质综合研究认为，环江油田长8段三角洲前缘砂体发育，通过有利目标评价，2008年来，重点加强对延长组长8油层组的勘探，在耿73井钻遇长8_1油层13m，试油获得31.45t/d，拉开了环江地区长8油层组的勘探序幕。2007年，罗38井钻遇长8_1油层8.5m，试油获得10.8t/d，使该区南部又发现了一个长8含油有利区。耿73井罗38井长8段含油富集已有工业油流井13口，平均试油产量14.0t/d。与此同时，积极向外围甩开勘探，寻找新的含油富集区，发现了罗73和环37两个长8段含油砂带，其中，罗73井和环37井长8_1油层试油分别获得14.20t/d和10.29t/d的工业油流；特别是在罗38井区东侧完钻的白38井长8_1油层试油获21.08t/d的高产油流；同时，在白6井及罗72井长8_1油层分别钻遇油层9.1m、9.3m，这进一步扩大了环江地区长8油藏的含油面积。目前，该区长8段有利含油面积约300km²，储量规模达亿吨级，显示了巨大的勘探开发潜力。2009年，围绕罗38区和耿73区两个长8段含油富集区开发，同时以长 8 段为主要目的层，加强环江油田的勘探评价力度，统一部署预探井、评价井、骨架井控制油藏规模，发现罗 228 区、白 32 区和罗 158 区等长 8 段含油富集区。随着勘探的进一步深入，通过勘探开发一体化的实施，油藏规模进一步扩大，地质储量不断攀高，长 8 油藏提交探明储量 13375×10^4t。

在勘探长 8 油藏的同时，近年来，先后在延长组长 6 油层、长 4 + 5 油层、长 3 油层及侏罗系油层等均获得了重要进展，初步形成了新的含油富集区。环江地区长 6 油层在纵向上紧邻长 7 烃源岩，三角洲前缘砂体发育，物性较好，勘探潜力良好。2009 年，完钻预探井虎 2 井，长 6_3 组油藏钻遇较厚油层，测井解释油层厚度为 17.6m，经压裂试油放喷，日产纯油 23.04t，从而在长 6 油层勘探获得新突破，发现了新的含油砂带。目前，该砂带已有工业油流井 8 口，平均试油产量 10.8t/d，有利含油面积约 240km²，预计储量规模约 6000×10^4t，进一步拓展了环江地区的勘探领域。

环江油田长 7_2 油藏勘探始于 2010 年，白 35 井试油日产纯油 6.6t。目前，共完钻探井、评价井 364 口，长 7_2 油藏已有 43 口井获工业油流，平均试油产量 15.8t/d；投产井 15 口，投产初期单井平均日产油 2.8t，含水率 39.6%。环江长 7_2 油藏开发预测含油面积 122.1km²，预测储量 5128×10^4t。

第2章 环江油田致密油藏地质特征

第1节 区域构造特征

位于华北克拉通盆地西部的鄂尔多斯盆地南北介于秦岭与阴山之间，东西介于吕梁山和贺兰山－六盘山之间，面积达 $25 \times 10^4 km^2$，是一个古生代稳定沉降，中生代坳陷自西向东迁移，新生代周边扭动、断陷的多旋回\典型大型内陆克拉通沉积盆地，总沉积厚度高达 $5000 \sim 8000m$。其地史轨迹为陆核地块(太古代)→克拉通拗拉谷(中上元古代)→浅海台地(下古生代)→局限海、陆缘平原(上古生代)→内陆盆地(中生代)→周边断陷(新生代)。中生代初期为大华北盆地的一个主体坳陷。到了中生代三叠纪后期至白垩纪阶段，鄂尔多斯盆地逐渐与华北大盆地分离，逐渐演变为独立的内陆盆地。侏罗纪开始时期的燕山运动及盆地西缘发生的大规模推覆冲断，导致了前缘坳陷的形成。盆地东部整体抬升形成大型西倾单斜，奠定了现今的构造格局。

鄂尔多斯盆地发育于太古界及元古界变质结晶基底之上，并且沉积了中上元古界、古生界、中生界和新生界的地层。其中，中－晚元古代和早古生代时期为海相碳酸盐沉积。早古生代中－晚奥陶世的加里东运动使鄂尔多斯地台抬升并遭受剥蚀，因而缺失志留系、泥盆系及下石炭统。晚古生代，从石炭纪到二叠纪经历了海陆过渡相沉积到陆相沉积的转变，结束了地台海相沉积的历史。在古生代华北克拉通浅海碳酸盐台地建造和浅海、滨浅海沼泽含煤建造的基础上，于中生代时期形成了内陆湖盆。在印支运动时期，由于鄂尔多斯盆地周缘抬升，鄂尔多斯地区形成了面积广大、水域广泛、水体较浅、基底较平缓的大型内陆湖盆，从而沉积了厚达 $1000 \sim 1500m$ 的三叠系延长组碎屑岩内陆湖泊沉积。

鄂尔多斯盆地内部地层平缓,构造变形较弱,主要发育中元古界、寒武系-下奥陶统、上石炭统-三叠系、侏罗系、下白垩统、新近系-第四系等构造地层层序,其间为一系列区域不整合面。鄂尔多斯盆地经历中元古代长城纪-蓟县纪裂陷运动,于新元古代时期隆升,到了寒武纪-早奥陶世,形成了被动大陆边缘,于中-晚奥陶世转变为主动大陆边缘与碰撞造山;接着,在志留纪-早石炭世隆升剥蚀,晚石炭世-三叠纪形成周缘裂陷与盆内坳陷;随后在早中侏罗早期世形成克拉通内坳陷,中侏罗世晚期至晚侏罗世遭受挤压,于早白垩世形成伸展坳陷,在晚白垩世经历隆升;最终,在新生代形成周缘断陷、盆内隆升等构造演化阶段。现今的鄂尔多斯盆地总体构造面貌呈东缓西陡的不对称的箕状向斜。根据基底性质、地质演化历史及构造界面的起伏特征,将盆地内部划分为伊盟隆起、晋西挠褶带、伊陕斜坡、天环向斜、西缘逆冲带和渭北隆起6个二级构造单元。

环江油田(图2-1)位于鄂尔多斯盆地一级构造单元伊陕斜坡西南部和天环向斜内,伊陕斜坡区域构造总体表现为一个平缓的西倾单斜。在晚三叠世早期,华北陆台解体,鄂尔多斯盆地进入台内坳陷阶段,形成闭塞-半闭塞的内陆湖盆,发育了一套以湖泊相、三角洲相、河流相为主的三叠系延长组碎屑岩沉积。整个延长组湖盆经历了形成→扩张→消亡阶段,使延长组形成了一套完整的生、储、盖组合。三角洲分流河道砂体和河口坝砂体是油气的良好储层,盆地沉积中心的暗色湖相泥岩、油页岩是良好的生油岩,半深湖及沼泽相泥岩为主要盖层。晚三叠世末期,受印支运动的影响,环江油田随着盆地的进一步抬升,延长组顶部遭受不同程度的剥蚀,形成沟壑纵横、丘陵起伏的古地貌景观。在此背景下,环江油田沉积了侏罗系富县组、延安组。富县组及延安组下部延10地层属于侏罗系早期的河流相充填式沉积,对印支运动所形成的沟壑纵横的地貌起到填平补齐的作用。沟壑中主要为一套粗粒序的砂岩沉积,而高地腹部局部地区缺失延10地层,之后地貌逐渐夷平,发育了一套中细砂岩、砂泥岩及煤系地层等泛滥平原河流相沉积。古河的下切形成了下部油气向上运移的良好通道,古高地和斜坡区的河道砂岩是油气的储集体,泛滥平原沉积的泥岩及煤等细粒沉积则成为油气的遮挡条件,这些条件与西倾单斜上发育的低幅度鼻状构造相配合,在该地区形成众多延安组小型油气富集区。环江油田位于鄂尔多斯盆地西南部的环县以北地区,南起堵后滩,北至沙嵊岘,西到山城，东达乔川，面积约 3400km²。区内地表属于典型的黄土塬地貌，地形起伏不平，地面海拔 1350～1750m，相对高差 400m 左右。

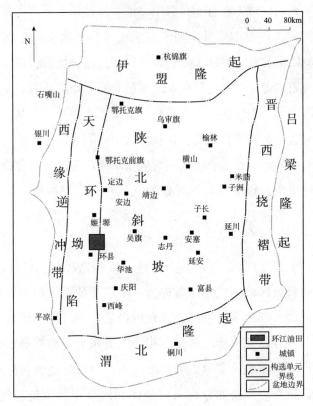

图 2-1 环江油田区域构造位置示意图

该地区属于大陆性干旱、半干旱季风气候，年平均降水量 400mm，降水多集中在 7 月、8 月、9 月 3 个月，降水量稀少且较集中，加上地表黄土广覆，降水大多以地表径流方式排泄，夏季易发泥石流或滑坡等自然地质灾害，往往对钻井、采油等作业造成严重的影响。主要含水层位有白垩系环河组、华池组、宜君洛河组，部分地区饮用水来自环河组，单井产水量一般小于 200m³/d，矿化度约为 2g/L；工业用水来自洛河组，单井产水量为 300～500m³/d，矿化度约为 3～5g/L，水质较差。

第 2 节　地层发育概况

在晚三叠世时期，延长组地层的总体沉积背景为内陆湖盆的三角洲沉积。其下部以河流相中、粗砂岩沉积为主，中部为一套湖泊，以三角洲相为主的砂、泥互层沉积为主，上部以河流相砂、泥岩沉积为主。地层总体呈北粗南细、北薄南厚的特点，厚度约为 800~1400m。岩性呈明显韵律变化，并发育多期旋回性，这些变化在区域上有较强的可对比性。三叠系延长组沉积总体为一套灰色、深灰色泥质岩、泥质粉砂岩与灰绿色、灰白色细砂岩互层，地层厚度为 500~600m，地层序列发育较完整，纵向韵律性及演化特征明显。根据岩性、岩相、古生物组合特征，延长组可划分为 5 段，即 T_3y_1 段~ T_3y_5 段。根据油层纵向分布规律，延长组自上而下可划分为 10 个油层组，即长 1 油层组~长 10 油层组（表 2-1）。下部长 10 油层组~长 8 油层组以河流中、粗砂岩沉积为主，中部长 7 油层组~长 4+5 油层组均为一套湖泊 – 三角洲为主的砂泥互层沉积，上部长 3 油层组~长 1 油层组为河流相砂泥岩沉积。沉积物北粗南细，地层北薄南厚。岩性呈韵律变化，并发育多期旋回性，这些变化在区域上有较强的可对比性。总得来看，三叠系延长组砂岩为浅灰绿色、微绿色，且砂岩的粒度通常比侏罗系底部的砂岩细。在三叠系内部，电位曲线从上到下逐渐偏正，在一些变化特征明显的井中可以分为 5 段，即长 1 段（电位偏正）、长 2 段（电位偏负）、长 3 段（电位偏负），长 4+5 段、长 6 段（电位由偏负逐渐偏正，为过渡段），长 7 段、长 8 段、长 9 段电位总体偏正，而长 10 段电位曲线则为箱形且正、负相间。这一特点是由延长组岩性特征所决定的。长 10 段岩性较粗，属河流相沉积，长 9 段~长 2 段，岩性由下向上逐渐变粗，是湖相逐渐变为滨浅湖相 – 三角洲相的反映。长 1 段岩性较细，在盆地的东部甚至为一套含煤地层。各段和油层组岩性特征如下所述。

表 2-1　鄂尔多斯盆地三叠系延长组层序简表（据杨友运）

系	统	组	段	油组	小层	厚度/m	岩性特征	标志层	
								名称	位置
侏罗系	下统	富县组				0~150	浅灰色厚层石英砂岩、细砾砂岩夹紫红色泥岩		

系	统	组	段	油组	小层	厚度/m	岩性特征	标志层名称	位置
三叠系	上统	延长组	T_3y_5	长1		70~90	浅灰色细砂岩、灰绿色泥岩、炭质页岩及煤层	K_9	底部
			T_3y_4	长2	2_1	125~140	灰绿色厚层中砂岩、细砂岩、灰色泥岩、炭质泥岩夹煤线,砂岩呈透镜体状,组成3个韵律旋回	K_8	底部
					2_2				
					2_3			K_7	底部
				长3	3_1	120~135	浅灰色、灰褐色细砂岩、暗色泥岩、炭质泥岩、煤线,砂岩呈透镜体状,具有3个韵律层	K_6	底部
					3_2				
					3_3				
			T_3y_3	长4+5	$4+5_1$	45~50	暗色泥岩、粉砂质泥岩、煤线夹薄层粉–细砂岩,顶部为中层长石石英砂岩	K_5	中部
					$4+5_2$	45~50	浅灰色粉砂岩、细砂岩与暗色泥质岩		
				长6	6_1	35~45	绿灰色、灰绿色细砂岩与暗色泥质岩互层	K_4	顶部
					6_2	20~30	浅灰绿色粉–细砂岩夹暗色泥岩	K_3	底部
					6_3	25~35	灰黑色泥岩,泥质粉砂岩,粉–细砂岩互层夹薄层凝灰岩		
				长7	7_1	100~120	中上部以暗色泥岩和油页岩为主,夹薄层粉–细砂岩,下部为薄层砂岩与暗色泥岩	K_2	中上部
					7_2				
					7_3				
			T_3y_2	长8	8_1	85~170	厚层浅灰色粉–细砂岩,砂质泥岩夹暗色泥岩	K_1	顶部
					8_2		厚层灰色中细粒长石石英砂岩,泥质砂岩夹暗色泥岩	K_0	底部
				长9		90~120	暗色泥岩、页岩夹灰色粉–细砂岩	K_1	底部
			T_3y_1	长10		280	肉红色、灰绿色富含氟石长石砂岩夹粉砂质泥岩,砂岩具麻斑构造		
	中统			纸坊组		300~350	上部为灰绿色、棕紫色泥质岩夹灰绿色砂岩,下部为灰绿色砂岩、砂砾岩		

一、延长组第一段(T_3y_1)

延长组第一段(T_3y_1)相当于长10油层组,其厚度平面分布稳定,一般为

250～300m。长 10 油层组以河流、三角洲沉积为主，部分为浅湖相沉积，岩性以厚层块状细粒或粗粒长石砂岩为主，夹深灰色泥岩。砂岩中富含浊沸石和方解石胶结物，表面呈不均匀的斑点状，似花岗斑岩状。厚度一般为 250～350m。该段地层视电阻率曲线一般为指状高阻，自然电位曲线大段偏负幅度，岩性和电性特征明显，是井下地层对比划分的重要标志层之一。

二、延长组第二段(T_3y_2)

延长组第二段(T_3y_2)厚度一般为 200～250m，相当于长 9 油层组和长 8 油层组。该段是延长组重要的生油岩层段之一。下部的泥质岩发育段为长 9 油层组，上部砂质岩相对集中段为长 8 油层组。长 9 油层组在区域上是生油层之一，长 8 油层组则为产层段。长 9 油层组，盆地边缘下段为一套厚层状中细粒长石英钟砂岩夹灰绿色 – 深灰色泥岩，上段为深灰色泥岩、碳质泥岩夹油页岩夹薄层粉细砂岩，或者为二者不等厚互层，盆地西部和东南部的沉积凹陷中主要发育有厚层黑色碳质泥岩夹油页岩，代表剖面有李家畔页岩、黄龙页岩等。长 8 油层组，盆地绝大部分区域由上、下两套巨厚层河流相和三角洲平原亚相浅灰争灰质中砂岩 – 细砂岩韵律组成，层理构造发育，中间夹薄层泥岩以及暗色泥岩。在盆地西南部沉降中心，为厚层泥岩与薄层砂岩互层。在盆地东部子长、延川等地的河道砂岩中有大量泥砾。其中，长 9 油层组下部发育高绿帘石、高榍石组合段，至长 8 油层组出现含喷发岩碎屑的高石榴石段，此特征十分明显突出，是区域岩矿对比的重要依据。

三、延长组第三段(T_3y_3)

延长组第三段(T_3y_3)厚度一般为 300m 左右，相当于长 7 油层组、长 6 油层组和长 4＋5 油层组。长 7 油层组沉积时期是湖盆发展演化的鼎盛时期，全区湖水伸展范围最大，以浅湖 – 深湖相沉积为主，典型岩性有灰黑色泥页岩、油页岩(俗称"张家滩页岩")，属于延长组的主要生油岩系，该层区域上分布稳定，可对比性强。根据标志层和岩性变化规律，可以将长 7 油层组为分长 7_3 韵律层、长 7_2 韵律层、长 7_1 韵律层 3 个韵律层，盆地东北部表现得最为清晰，其中，生油岩系主要位于长 7 油层组的中上部。长 6 油层组沉积时期是盆地发展演化中沉积物充填的高峰期之一，无论是盆地东北的三角洲还是盆地西南的水下扇浊流沉积时期，均为强进积建设期，自下而上分为长6_3沉积旋回序列、长6_2沉积旋回序列、长6_1沉积旋回序列3个沉积旋回序列，每个旋回均由砂岩、粉砂岩及泥岩组成，3个沉积旋回中，长6_1沉积旋回序列三角洲前缘亚相的厚层砂体最为发育。长4+5油层组，分为长$4+5_2$、长$4+5_1$两段，岩性为黑色泥页岩，水平层理发育。其中，下部的长$4+5_2$段中，盆边主要为三角洲平原中砂岩相，盆内三角洲前缘粉细砂岩相对发育，泥岩厚度明显增大，泥岩与砂岩互层。长$4+5_1$段沉积期，湖盆有一定收缩趋势，盆内边缘主要为灰黑色泥岩与浅灰色粉-细砂岩互层，局部夹煤线，盆内由三角洲前缘亚相的粉细砂岩和湖相泥岩组成。划分标志层的电性特征为高声波时差、高自然伽马、高自然电位、低密度、低电阻率及尖刀状扩径。其声波时差曲线、自然伽马曲线、密度曲线之间对应关系良好。

四、延长组第四段(T_3y_4)

延长组第四段(T_3y_4)厚度一般约为250~300m，相当于长3油层组和长2油层组。该段地层除了在盆地南部边缘和西南部遭受剥蚀缺失外，在全盆地均有出露和保存，该段地层岩性单一，全盆地基本一致，主要为浅灰色、灰绿色中-细砂岩夹灰黑色、深灰色、灰色粉砂质泥岩、泥岩，砂岩呈厚层块状。长3油层组沉积时期，湖水迅速退缩变浅，碎屑沉积物进积加积充填，在盆缘及盆内大部分地区为进积式曲流河三角洲沉积，平原分流河道砂体颇发育、砂质岩粒度细、泥质含量较高，泛滥沼泽及残留湖泊洼地发育了暗色泥岩和炭质泥岩。根据长3油层组岩性旋回变化自下而上分为长3_3沉积旋回序列、长32沉积旋回序列、长3_1沉积旋回序列3个沉积旋回序列。在盆地西北部和中部地区长3_3砂体特别发育。长3_1沉积旋回序列具有反旋回的韵律特征。长2油层组沉积时期，由于湖盆水体进一步收缩变浅，盆地内大面积为河控三角洲平原亚相沉积，分流河道砂体发育。长2油层组也划分为长2_3沉积旋回序列、长2_2沉积旋回序列、长2_1沉积旋回序列3个沉积旋回序列。

五、延长组第五段(T_3y_5)

延长组第五段(T_3y_5)相当于长1油层组，由于晚三叠世湖盆处于衰亡阶段，湖盆逐步趋向瓦解，沉积物主要为灰黑色、深灰色泥岩、炭质泥岩、煤层与浅灰绿色粉－细砂岩互层的湖沼相沉积。长1油层组，因晚三叠世湖盆处于衰亡阶段，盆地分解，主要形成灰黑色、深灰色泥岩、炭质泥岩、煤层与浅灰绿色粉－细砂岩互层河－湖沼泽相沉积。该层是长2期的盖层，也是侏罗系的生油层。由于晚三叠世末期印支运动影响，盆地内延长组遭受均一抬升剥蚀，在盆地边缘部位，该段地层遭受后期剥蚀严重，延长组第五段(T_3y_5)在盆地北、西、南部遭受到不同程度剥蚀，在盆地南部地层残存厚度为20～230m。区内主要受侏罗世宁陕古河道和蒙陕古河道侵蚀，顶面形成了沟谷纵横、阶梯层叠、残丘起伏、坡凹蔓延古地貌景观，使得盆内长3段、长2段、长1段地层残缺，在部分地区被剥蚀。

第3节　沉积及砂体展布特征

鄂尔多斯盆地为不对称盆地，主要沉积中心位于盆地西部天环坳陷和伊陕斜坡的南部，而环江油田就靠近主要沉积中心。在长8段沉积时期，环江油田区域经历了一个湖进到湖退的过程。进入长7段沉积时期后，由于盆地基底整体不均衡、强烈拉张下陷，而导致水体急剧加深，成为湖盆最大扩张期，区内为发育浅－半深湖环境。因此，长7期成为盆地中生界主要烃源岩发育期。随后，湖盆在长6段、长4+5段沉积早期阶段开始萎缩，三角洲大范围发育，东北三角洲沉积体覆盖区内广大地区。最后，在长4+5晚期发育了小规模湖侵，三角洲规模有所缩小。湖盆底形具有东北较缓、西南较陡的特征(图2-2)。

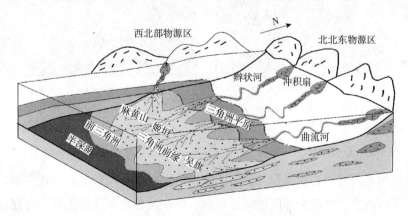

图2-2　环江油田沉积模式图

一、岩心相分析

1. 岩性标志

环江油田长 8 地层中碎屑岩岩石类型包含有灰绿色细砂岩、细 - 粉砂岩、粉砂岩、粉砂质泥岩、泥质粉砂岩、黑色泥岩等类型。泥岩颜色为深灰色、灰黑色、黑色，多含粉砂质，普遍发育垂直虫孔、碳化植物碎片等相标志，表明该时期水体相对稳定，处于还原介质环境。砂岩以细砂岩为主，黏土成分含量很少，分选性为中等 - 好、碎屑颗粒以次棱状为主，反映其砂岩结构成熟度中等，沉积时期水动力条件较强（图 2 - 3）。

(a)罗42井, 2746m,灰黑色泥岩中垂直虫孔

(b)环28井, 2455m,黑色泥岩中植物碎片

(c)罗350井, 2700.59m,灰黑色细砂岩

(d)罗247井, 2681.67m,灰色细砂岩

图2 -3 长8₁油藏岩性特征

2. 沉积构造

沉积构造是沉积岩在沉积过程中或沉积后固结成岩前形成的构造现象。前者称为沉积构造，后者称为准同生变形构造。环江油田长 8 储层主要发育冲刷面构造及滑塌构造，主要层理有块状层理、交错层理、平行层理、斜层理、波状层理及变形层理等，具有水下分流河道的典型特征（图 2 - 4）。

(a)罗17井,2834.4m,冲刷面构造

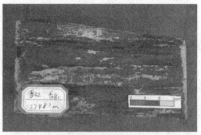
(b)罗42井,2748.7m,交错层理

(c)罗322井, 2718.5m,斜层理

(d)罗17井,2831.8m,变形层理

图2-4 长8段沉积构造特征

3. 粒度标志

沉积岩粒度分布主要受搬运介质、搬运方式和沉积环境的控制。因此,粒度分析是确定沉积环境的一个重要指标,并被广泛应用于沉积相的研究中。从环江油田耿79井长8段粒度概率图上可以看出,粒度分布概率曲线为两段式Ⅰ型和三段式曲线,两段式粒度概率累积曲线主要由跳跃总体和悬浮总体组成(图2-5、图2-6),以跳跃总体为主,悬浮总体含量为5%~15%,反映了牵引流沉积特征,水动力条件相对较强和较稳定,悬浮组分不易沉积,一般出现在水流强度较大的河道中。

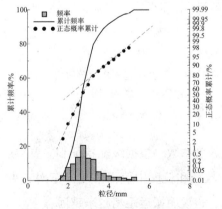

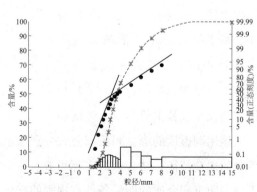

图2-5 耿79井长8段粒度概率
累计曲线(2558.6m)

图2-6 罗228区江298-9井粒度概率曲线

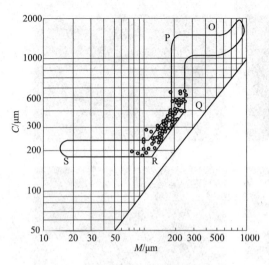

图2-7 环江油田长8₁砂层组C-M图

长8₁砂层组 $C-M$ 图主要发育两段，QR 段和 RS 段（图2-7）。QR 段代表递变悬浮沉积，递变悬浮搬运是指在流体中悬浮物质由下向上粒度逐渐变细，密度逐渐变低。它一般位于水流底部，常是由于涡流发育造成的。当涡流流速降低时，迅速发生滚动。递变悬浮沉积物的一个最大特点是 C 与 M 成比例增加，即 C 值与 M 值相应变化，从而使这段图形与 $C=M$ 基线平行。

在牵引流沉积中，C 值常指示最大的地质应力。QR 段 C 的最大值 C_s 代表底部的最大搅动指数，C_s 为 527.67μm，最小值 C_u 代表最小搅动指数，C_u 为 210μm。RS 段为均匀悬浮，是粒径和密度不随深度变化的完全悬浮，均匀悬浮常是递变悬浮之上的上层水流搬运方式。在弱水流中可能不存在递变悬浮，而是由均匀悬浮直接与底床接触，均匀悬浮的物质主要为粉砂和泥质的混合物，最粗粒径为细砂。由于均匀悬浮搬运常不受底流分选，在河流中自上游至下游地区沉积物的粒度成分变化不大，只是粗粒级含量相对减少。在 RS 段 C 值往往基本不变，而 M 值向 S 端减少；RS 段的最大 C 值即 C_u，而 M 值向 S 端减小（图2-8）。以上分析表明长8段其主要为牵引流沉积。

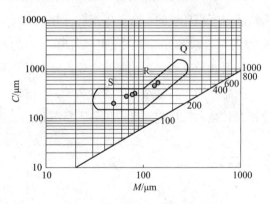

图2-8 罗228区长8段碎屑岩粒度分析C-M图

运用调整后的福克和沃德公式分别求出粒度参数，根据级配特征和主要粒度参数的递变特征，结合该区实际可知，平均粒径和粒度中值由西北向东南变小，不仅表明沉积介质的能量条件有规则的变化，也说明搬运距离越来越远。

长8段砂岩多以细砂岩为主，粒度中等，平均值 M_z 为 3.34～4.79，标准偏

差 σ 值分布于 1.84~2.23 之间，分选较好，偏度均为正偏，具有河流沉积的特征，尖度 K 值分布于 1.1~1.34 之间（表 2-2），说明颗粒中等-尖锐，亦是河流沉积形成的特点。上述碎屑岩结构特征，表明环江油田砂体的形成主要受河流作用控制。相对来说长 8 段 M_z 值较大，而峰度 K 值较小，说明长 8 段沉积物搬运距离较远。通过以上分析可知，该区主要为三角洲前缘亚相沉积。

表 2-2　罗 228 区长 8 段粒度特征

井名	顶界井深/m	底界井深/m	层位	平均值	标准偏差	偏度	尖度
江 396-5 井	2636.23	2636.43	长 8 段	3.34	1.87	0.45	1.1
江 396-5 井	2643.52	2643.73	长 8 段	4.4	2.23	0.46	1.19
江 298-9 井	2852	2852.26	长 8 段	4.17	2.12	0.49	1.2
江 298-9 井	2838.56	2838.82	长 8 段	4.79	2.24	0.46	1.34
江 305-5 井	2763.18	2763.48	长 8 段	3.44	1.84	0.46	1.11
江 305-5 井	2776.68	2776.94	长 8 段	4.25	2.17	0.49	1.23

二、单井相特征

测井相是指表征地层特征测井响应的组合。测井曲线的形态特征，如幅度、顶底接触关系、光滑程度和形状等，在很大程度上都是沉积岩岩性、粒度、分选性、泥质含量垂向层序和沉积旋回等沉积特征的反映，是重要的相标志之一。鉴于取心井较少而测井信息较多，测井解释是间接评价开发地质沉积特征的重要手段。根据自然伽马曲线或自然电位曲线的形态特征及地层倾角测井可以较好地识别沉积微相。例如，三角洲前缘水下分流河道自然电位为中高幅钟形或箱形，河口坝为漏斗形，远砂坝为中低幅漏斗形或指形，河道间为低幅齿形或平直曲线（表 2-3）。

表 2-3　罗 228 区长 8 油层组测井相特征

测井相	沉积特征描述	沉积构造	层序	电位曲线特征
水下分流河道	厚-中厚层中细砂岩向上逐渐过渡为细砂岩与粉砂岩与下伏岩层成突变接触，底部常发育冲刷面	大型交错层理、平行层理等	正韵律或复合韵律	钟形、箱形、叠置的钟形、齿化的箱形
河口坝	中厚层的细砂岩、薄层粉砂岩、泥质粉砂岩，分选性好	交错层理	反粒序	漏斗形、齿化的漏斗形
河道侧翼	薄层的细砂岩、粉砂岩、粉砂质泥岩、泥质粉砂岩互层	小型交错层理、变形层理	正韵律或复合韵律	叠置的漏斗形或台阶形
分流间湾	泥质粉砂岩、泥岩	水平层理	复合韵律	较平缓，有时呈锯齿形、低平的指形

环江油田反映沉积岩岩性、沉积旋回及韵律性特征明显的测井曲线主要是自然电位曲线、自然伽马曲线和视电阻率曲线等，根据该区取心井岩心和测井曲线建立的岩电关系，对该区 519 口井逐一进行电性曲线划相，通过研究分析，建立了罗 228 区长 8 油层组测井相特征。

1）水下分流河道微相

水下分流河道微相以灰色、灰绿色细砂岩为主，中细砂岩次之，中粗砂岩少见，呈均质韵律、正韵律及复合正韵律特征；沉积特征为厚层 – 中厚层中细砂岩向上逐渐过渡为细砂岩与粉砂岩与下伏岩层成突变接触，底部常发育冲刷面，发育大型交错层理、波状层理及冲刷填充构造；自然电位曲线呈箱形、钟形，以及箱形、钟形的叠加，砂岩厚度较大，泥质含量较低(图 2 – 9)。

井名	层位	测井曲线形态	沉积微相	井名	层位	测井曲线形态	沉积微相
江274-5井	长8₁²¹	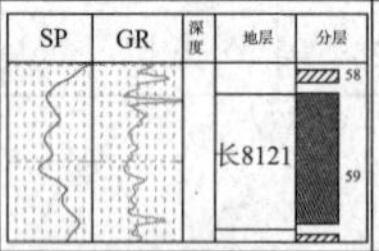 SP GR 深度 地层 分层 长8121 58 59	水下分流河道	江285-8井	长8₁²²	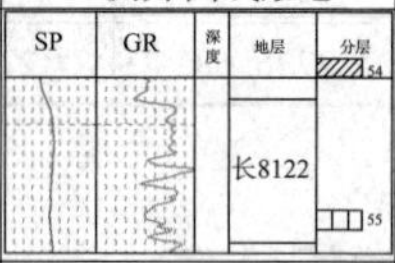 SP GR 深度 地层 分层 长8122 54 55	水下分流河道侧翼
江293-9井	长8₁²¹	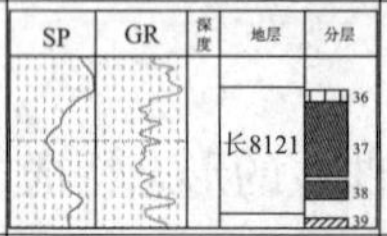 SP GR 深度 地层 分层 长8121 36 37 38	水下分流河道	江292-12井	长8₁¹	 SP GR 深度 地层 分层 长811 41	水下分流河道侧翼
江293-4井	长8₁³	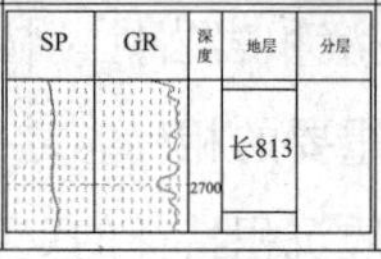 SP GR 深度 地层 分层 长813 2700	水下分流间湾	江295-4井	长8₁³	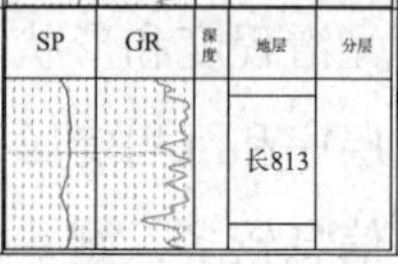 SP GR 深度 地层 分层 长813	水下分流间湾

图 2 – 9 罗 228 区重点测井相分类示意图

2）分流河道侧翼微相

天然堤微相分布在水下河道的两侧，由灰色、灰绿色细砂岩、粉砂岩及少量泥质粉砂岩组成，呈反韵律、复合韵律，以波状层理为主，局部出现成因复杂的交错层理、变形层理等；可见虫孔、植物碎片等；自然电位曲线呈漏斗形或指形，砂岩厚度较小，泥质含量较高。

3）分流间湾微相

主要分布在水下河道砂体之间，以深灰色、灰黑色泥岩为主，局部发育粉砂岩夹层，无明显韵律特征；常见水平层理及透镜状层理，自然电位曲线平直，间或出现指形小尖峰。

在环江油田选取巴 201 井和罗 353 井绘制单井沉积微相剖面图。单井沉积相分析表明，罗 330 区长 8₂ 储层水下分流道最为发育，其次为支流间湾微相(图 2 – 10)。

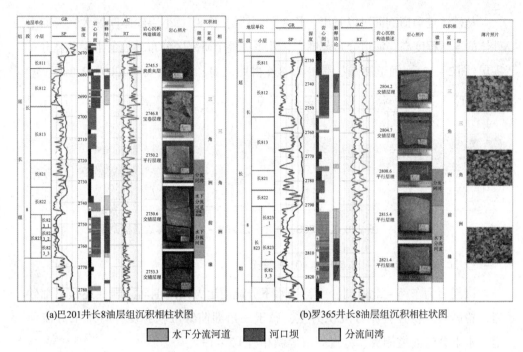

(a)巴201井长8油层组沉积相柱状图　　　　　(b)罗365井长8油层组沉积相柱状图

　　　　■ 水下分流河道　　■ 河口坝　　▨ 分流间湾

图2-10　巴201井和罗365井单井相图

三、沉积相剖面特征

　　剖面相分析是在单井相分析的基础上，充分利用电性测井资料进行对比，建立的各临井之间的相序关系，揭示了沉积相在二维空间的展布特征。

　　分别选取近似垂直于水下分流河道方向和平行于水下分流河道方向的两个剖面进行分析。

1. 江293-5井—江298-10井剖面

　　该剖面为西南-北东向垂直于水下分流河道方向的剖面，从图2-11中可以看出，剖面上都以细砂岩、粉砂岩和粉砂质泥岩为主，属于三角洲前缘沉积，发育有水下分流河道、水下分流河道侧翼、分流间湾等微相。

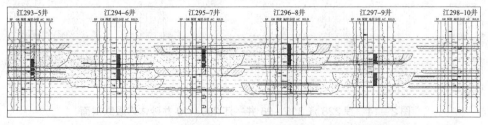

图2-11　罗228区江293-5井—江298-10井沉积微相横剖面

从砂体连通横剖面可以看出，长 8_1^{2-1} 小层、长 8_1^{2-2} 小层砂体厚度大，横向上砂体的连通程度高，河道分布范围广，几乎在整个研究区分布，其余小层砂体分布零星（图 2 – 12）。河道展布范围在 4～8 个井距之间，展布距离为 1200～2400m。

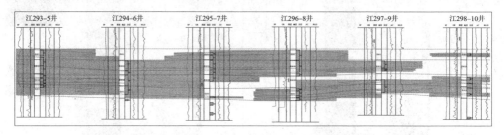

图 2 – 12　罗 228 区江 293 –5 井—江 298 –10 井砂体连通横剖面

2. 江 305 – 08 井—江 298 – 10 井剖面

该剖面为东南 – 北西向，平行于水下分流河道方向的剖面，岩性还是以细砂岩、粉砂岩、粉砂质泥岩沉积为主，属于三角洲前缘沉积，发育有水下分流河道、水下分流河道侧翼、分流间湾等微相（图 2 – 13）。

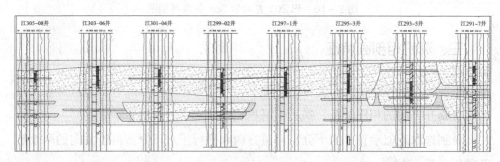

图 2 – 13　罗 228 江 305 –08 井—江 298 –10 井沉积微相纵剖面

从砂体连通纵剖面可以看出，长 8_1^{21} 小层、长 8_1^{22} 小层砂体厚度大，延伸距离较远，纵向上各小层砂体分布不均，非均质性较强（图 2 – 14）。河道展布范围在 8～9 个井距之间，展布距离为 2400～2700m。

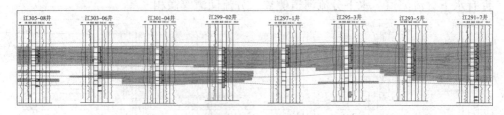

图 2 – 14　罗 228 江 305 –08 井—江 298 –10 井砂体连通纵剖面

四、沉积微相平面特征

长8段是在长9段末小型湖侵后的首次三角洲建设期，主要表现为进积沉积作用，为三角洲前缘亚相沉积环境，主要微相类型为水下分流河道及分流间湾两种。长 8_1 储层属于三角洲前缘亚相沉积，沉积相带总体呈北西向－南西向展布，砂体连片性较好，主要发育3条主河道，河道宽约 $2\sim5km$，河道砂体厚度大部分处于 $6\sim27m$，主体砂带的厚度为 $10\sim27m$。

长 8_1 砂层组各小层属于三角洲前缘亚相沉积，沉积相带总体呈北西向、南西向展布，其中，长 8_1^{2-2} 小层、长 8_1^{2-1} 小层砂体较发育，砂体连片性较好，主要发育3条主河道，河道宽约 $2\sim5km$，河道砂体厚度大部分为 $4\sim13m$，主体砂带的厚度为 $6\sim13m$。

根据岩性、沉积结构、构造、垂向序列及测井曲线特征，以沉积环境的成因标志为依据，综合分析认为，环江油田罗247区长8油藏为三角洲前缘亚相沉积，主要沉积微相为水下分流河道、水下分流间湾等（表2－4）。物源来自北西向，长8油藏砂岩厚度一般为 $5\sim30m$，平均 $15.0m$。

表2－4 环江油田罗247区长8油层段沉积微相

相	亚相	微相
三角洲	三角洲前缘	水下分流河道
		河口坝
		水下天然堤
		分流间湾（湖湾）

沉积微相的平面特征研究是油藏开发分析的重要地质基础，是研究储层非均质性及剩余油分布的关键步骤，也是微相研究的主要目的，它受一系列因素制约，包括古气候条件、物源区方向和古地形特征，以及河流水系的发育状况和能量等。在确定沉积相、亚相、微相的基础上，遵循"点－线－面"的研究方法，从单井相图分析出发，以连井相图分析为衔接，最终对研究区目的层进行沉积微相平面特征进行准确的分析与总结。

以罗330区为例，根据岩心观察、电测曲线及沉积相的研究，结合相序变化，综合分析认为，该区长8油藏以浅水三角洲沉积体系沉积为主，主要发育水下分流河道、河口坝、席状砂、分流间湾等沉积微相，多为河道与河口坝的叠加砂体构成。长 8 期物源主要来自西北方向，平面上主要发育西北 – 东南向展布的水下分流河道，主要相带为水下分流河道为主，其余相带相对不发育。长 8_1^2 小层砂体相对发育，发育分支水道在油藏中部交汇，且交汇处砂体厚度较大（图 2 – 15 ~ 图 2 – 17）。

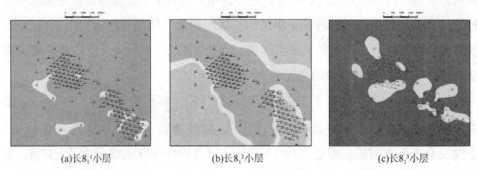

(a)长8_1^1小层　　　(b)长8_1^2小层　　　(c)长8_1^3小层

图 2 –15　罗 330 区长 8_1^1 小层、长 8_1^2 小层、长 8_1^3 小层沉积相图

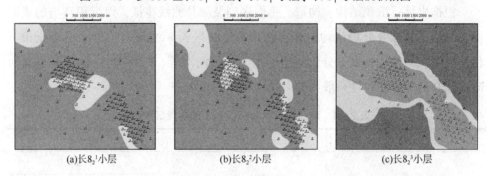

(a)长8_2^1小层　　　(b)长8_2^2小层　　　(c)长8_2^3小层

图 2 –16　罗 330 区长 8_2^1 小层、长 8_2^2 小层、长 8_2^3 小层沉积相图

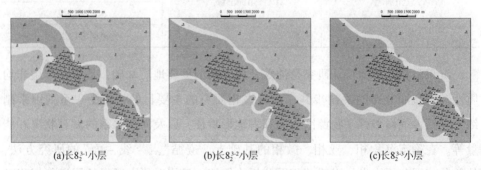

(a)长8_2^{3-1}小层　　　(b)长8_2^{3-2}小层　　　(c)长8_2^{3-3}小层

图 2 –17　罗 330 区长 8_2^{3-1} 小层、长 8_2^{3-2} 小层、长 8_2^{3-3} 小层沉积相图

五、砂体平面展布特征

罗 330 区长 8_2^3 小层为主力层位，砂体发育最好，大面积分布且连续性好，

平均砂体厚度为18.5m，钻遇率为91%；其次为长 8_1^2 小层，砂体大面积分布但连续性较差，平均砂体厚度为11.7m，钻遇率为89.9%；长 8_2^1 小层砂体分布面积小，连续性差，平均砂体厚度为6.0m；长 8_1^1 小层砂体发育最差，零星分布，平均砂体厚度3.7m。长 8_2^{3-1} 小层砂体厚度6.36m，钻遇率为79.11%；长 8_2^{3-2} 小层砂体厚度7.68m，钻遇率为86.07%；长 8_2^{3-3} 小层砂体厚度6.53m，砂体发育较好，局部连续性差，钻遇率为84.17%（图2-18～图2-20）。

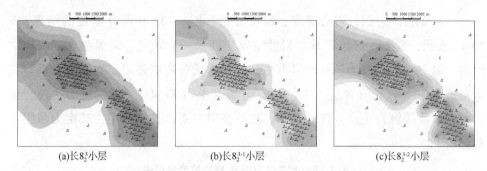

(a)长 8_2^3 小层　　　　(b)长 8_2^{3-1} 小层　　　　(c)长 8_2^{3-2} 小层

图2-18　罗330区长 8_2^3 小层、长 8_2^{3-1} 小层、长 8_2^{3-2} 小层砂体厚度图

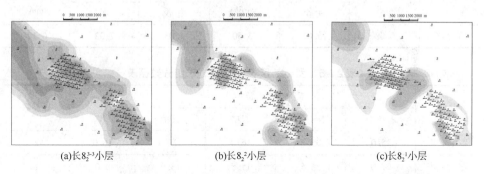

(a)长 8_2^{3-3} 小层　　　　(b)长 8_2^2 小层　　　　(c)长 8_2^1 小层

图2-19　罗330区长 8_2^{3-3} 小层、长 8_2^2 小层、长 8_2^1 小层砂体厚度图

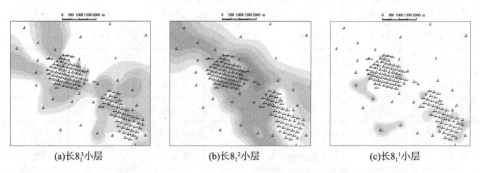

(a)长 8_1^3 小层　　　　(b)长 8_1^2 小层　　　　(c)长 8_1^1 小层

图2-20　罗330区长 8_1^3 小层、长 8_1^2 小层、长 8_1^1 小层砂体厚度图

第4节 储层基本特征

一、岩矿特征

1. 岩石类型特征

以罗 247 区为例，岩心观察、粒度分析（表 2-5）和薄片鉴定的结果（表 2-6）表明，罗 247 区长 8_1 储层岩性主要岩性为一套灰色、灰黑色含泥细-中砂岩。岩石类型以岩屑长石砂岩为主，其次为长石岩屑砂岩。碎屑成分中石英含量占 28.4%，长石含量占 32.2%，岩屑含量占 17.4%；磨圆度为次棱，接触方式以线接触为主，分选性中等，胶结类型主要以孔隙为主，其次为薄膜-孔隙（图 2-21）。

表 2-5 罗 247 区长 8_1 储层粒度数据表

井名	粒级分布/%					粒度中值/mm
	粗砂	中砂	细砂	粉砂	泥	
罗 247	0.08	15.07	73.50	4.03	7.32	0.17

表 2-6 罗 247 区长 8_1 储层岩矿组分数据表

井名	碎屑含量/%				填隙物/%	样品数
	石英类	长石类	岩屑	其他		
罗 121 井	25.0	35.3	16.0	7.7	16.0	2
罗 133 井	27.0	35.5	15.5	13.0	9.0	1
罗 218 井	19.0	29.5	13.3	27.4	10.8	2
罗 219 井	26.0	32.3	17.5	14.0	10.0	1
罗 235 井	38.5	36.0	12.0	1.5	12.0	1
罗 256 井	34.0	32.9	18.5	2.5	12.1	2
罗 276 井	23.0	33.0	26.5	2.4	15.1	2
罗 318 井	38.0	25.0	18.0	4.0	15.0	1
罗 322 井	25.5	32.0	18.5	11.5	12.5	2
罗 331 井	27.5	30.5	18.5	9.0	14.5	2
平均	28.4	32.2	17.4	9.3	12.7	16

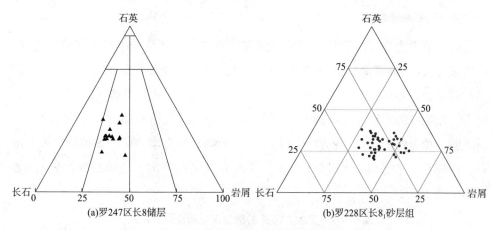

(a)罗247区长8储层   (b)罗228区长8₁砂层组

图2-21　岩石类型三角图

2. 岩屑类型特征

罗247区长8₁储层岩屑类型总体以变质岩岩屑为主（4.0%～12.0%，平均为9.7%），其次为岩浆岩岩屑（5.3%～14.5%，平均为7.7%），沉积岩岩屑含量少（表2-7）。

表2-7　罗247区长8₁储层岩屑类型分布统计表

井名	岩浆岩岩屑含量/%				变质岩岩屑含量/%							沉积岩岩屑含量/%				
	花岗岩	喷发岩	隐晶岩	合计	高变岩	石英岩	片岩	千枚岩	变质砂岩	板岩	合计	粉砂岩	泥岩	灰岩	白云岩	合计
罗121井	0	7	0	7	0	2	1	3.8	1	1.3	9.1	0	0	0	0	0
罗133井	0	6	0	6	0	2.5	0.5	3.5	1	2	9.5	0	0	0	0	0
罗218井	0	5.3	0	5.3	0	3	0.25	2.5	1	1.3	8.1	0	0	0	0	0
罗219井	0	7	0	7	0	1	0	4.5	1	2	9.5	0	0	0	0	0
罗235井	0	3	5	8	0	1	0	2	0	1	4.0	0	0	0	0	0
罗256井	0	3	7	10	0	1.5	0.5	2	4	0.5	8.5	0	0	0	0	0
罗276井	0	11.5	3	14.5	0	1	1.5	4.5	3.5	1.5	12.0	0	0	0	0	0
罗318井	0	6	0	6	0	4	1	4	1	2	12.0	0	0	0	0	0
罗322井	0	6.5	0	6.5	0	1	1	5	1	3	12.0	0	0	0	0	0
罗331井	0	6.5	0	6.5	0	2.5	1	5	1	2.5	12.0	0	0	0	0	0
平均	0	6.18	1.5	7.7	0.0	2.2	0.7	3.7	1.5	1.7	9.7	0	0	0	0	0

3. 填隙物特征

砂岩填隙物主要由杂基和胶结物两部分组成。杂基是分布于碎屑颗粒之间，以机械方式(悬移载荷)与碎屑颗粒同时沉积下来，粒径小于0.03mm的细小沉积物；胶结物是碎屑岩在沉积、成岩阶段，以化学沉淀方式从胶体或真溶液中沉淀出来，充填在碎屑颗粒之间的各种自生矿物。罗247区长8_1储层岩石薄片鉴定分析表明其填隙物的类型多、含量变化大，填隙物总量为12.7%。填隙物以铁方解石、高岭石、水云母(伊利石)为主，其次为绿泥石填隙、硅质、铁白云石(表2-8、图2-22)。

表2-8 罗247区长8_1储层填隙物含量分布表

井名	填隙物含量/%													
	高岭石	水云母	绿泥石填隙	网状黏土	混层矿物	绿泥石膜	方解石	铁方解石	白云石	铁白云石	硅质	菱铁矿	硬石膏	其他	合计
罗121井	5	0	7	0	0	0	0	2	0	0	2	0	0	0	16
罗133井	3	0	0	0	0	0	0	5	0	0	1	0	0	0	9
罗218井	1.5	0	0	0	0	0	0	8.5	0	0	0.8	0	0	0	10.8
罗219井	5	2	0	0	0	0	0	3	0	0	0	0	0	0	10
罗235井	4.5	2	0	0	0	0	0	5	0	0	0.5	0	0	0	12
罗256井	2.3	2.5	0	0	0	0	0	6.5	0	0.5	0	0	0	0.3	12.1
罗276井	1	11	0	0	0	0	0	2.3	0	0	0	0	0	0	15.1
罗318井	4	6	0	0	0	0	0	4	0	0	1	0	0	0	15
罗322井	6	0	0	0	0	0	0	6.5	0	0	0	0	0	0	12.5
罗331井	3.5	1	3	0	0	0	0	5.5	0	0	1.5	0	0	0	14.5
平均	3.6	2.5	1.0	0.0	0.0	0.0	0.0	4.7	0.0	0.1	0.9	0.0	0.0	0.0	12.7

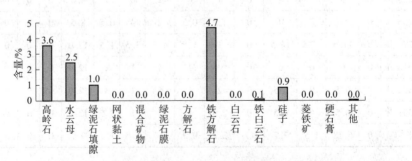

图2-22 罗247区长8_1储层填隙物含量统计直方图

1)黏土矿物

(1)高岭石。

高岭石是砂岩胶结物中最常见的一种填隙物。罗247区长8₁储层高岭石含量较高(图2-23),它是在酸性介质条件下生成的自生高岭石多以分散质点的形式充填在砂岩的粒间孔隙中,常呈完整的假六边形自形晶体,或者由这些自形晶体组成书页状、蠕虫状等各种形式的集合体。充填孔隙的高岭石可以是直接从孔隙水中沉淀出来的,也可以是蚀变形成的。酸性孔隙水有利于形成高岭石矿物。

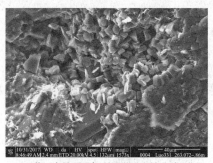
(a)石英、高岭石及伊利石黏土充填孔隙生长

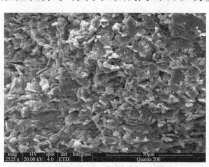
(b)粒间高岭石等黏土填隙物

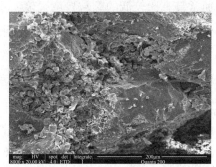
(c)粒间高岭石、伊利石等黏土填隙物

(d)高岭石黏土矿物充填孔隙交代碎屑

图2-23　高岭石的镜下特征

(2)伊利石。

伊利石又称水云母,是介于云母、高岭石及蒙脱石之间的中间矿物,有多种成因,如长石和云母风化分解、蒙脱石被钾交代、胶体沉淀再结晶、热液蚀变等。形成于气温较低,排水不畅的碱性环境中。伊利石成分中富碱金属钾,如果气候湿热,化学风化彻底,水流通畅,钾流失,则可形成高岭石。伊利石是罗247区长8₁储层中较为普遍存在的黏土矿物,形成于较晚成岩阶段,扫描电镜下多为鳞片状和毛发状集合体,并呈薄膜状附着在颗粒表面,或者沿颗粒表面向孔隙与孔喉道处伸展(图2-24)。

(a)少量碎屑蚀变丝片状伊利石

(b)粒间伊利石等黏土填隙物及残余孔隙

图2-24　伊利石的镜下特征

（3）绿泥石。

绿泥石是罗247区长8_1段砂岩中重要的胶结物类型（图2-25）。该区绿泥石主要为叶片状，并呈薄膜状作为孔隙衬边存在。岩石学研究表明，当颗粒表面有自生绿泥石膜分布，并且厚度大于$3\mu m$时，就能抑制长石和石英的次生加大，保护孔隙结构。该区长8_1段砂岩中的绿泥石薄膜多形成于成岩早期，通常是等厚环边状态产出；存在自生绿泥石的砂岩，通常具有比较低的颗粒接触强度，主要为点接触和线接触；绿泥石沉淀后会继续生长，因而在不同时间生长的绿泥石可能具有不同的元素构成（黄思静等，2004），早期绿泥石较为富铁，而晚期的绿泥石铁含量相对较低，铁、镁含量比值也较低。自生绿泥石沉淀作用发生在沉积期后，绿泥石的形成需要同沉积的富铁沉积物，河流会带来丰富的溶解铁，在河口砂坝和远砂坝等沉积环境中因沉积盆地电解质的加入，会发生絮凝而形成含铁沉积物。

(a)粒间、粒表伊利石、绿泥石等黏土矿物

(b)粒间、粒表伊利石、绿泥石等黏土填隙物

图2-25　绿泥石镜下特征

2）碳酸盐胶结物

罗247区长8_1储层碳酸盐胶结物主要是铁方解石，含量为4.7%。碳酸盐胶结物无论从宏观上还是微观上，都呈团块、斑点状不均匀分布。铁方解石以连晶状充填孔隙为主（图2-26），胶结发生在各成岩期；同时，中成岩期含铁离子较高的孔隙水与早成岩期的方解石发生铁离子、镁离子交换，使早成岩期的方解石转化成铁方解石。碳酸盐胶结物在岩石中不均匀分布，增强了储层的非均质性。此外，碳酸盐胶结物的存在，使砂岩形成抗压岩体，阻止了压实作用的进一步进行，为后期酸性流体的溶蚀提供了物质基础。

(a)长石溶蚀，铁方解石、高岭石充填孔隙并交代碎屑　　(b)铁方解石大部分充填孔隙，致密无孔

(c)铁方解石充填孔隙并交代碎屑　　(d)铁方解石充填孔隙 并交代碎屑，致密

图2-26　铁方解石的镜下特征

3）硅质胶结物

硅质胶结物在罗247区砂岩中有两种主要形式：一种为碎屑石英颗粒的次生加大边，常见Ⅰ～Ⅱ级加大，部分石英加大趋于自形，晶面平整，晶形完整；另一种为自形的自生石英，一般分布于孔隙边缘和粒间孔中，贴近颗粒生长，晶体较小，晶形规则（图2-27）。

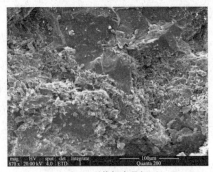

(a)石英加大Ⅱ级   (b)石英加大Ⅱ级

图2-27　硅质胶结物的镜下特征

在成岩作用过程中，不论是长石的分解溶蚀、石英颗粒的压溶作用，还是黏土矿物的转化，每个环节的转化过程都提供了丰富的二氧化硅。如钾长石、斜长石等不稳定铝硅酸盐矿物，经酸性孔隙水溶蚀后，在形成粒内溶蚀孔隙的同时释放出二氧化硅。这种富含二氧化硅的流体与成岩过程中排出的压实水一起进入到孔隙系统中，当孔隙水达到过饱时，二氧化硅便在石英颗粒表面和原生粒间孔中沉淀，形成硅质胶结物或石英次生加大边。

二、孔隙类型及结构特征

孔隙类型按成因可划分为原生孔隙、次生孔隙和微裂缝三大类。原生孔隙主要指碎屑颗粒的粒间孔隙，也包括层间孔和气孔。次生孔隙是指在沉积岩形成后，因淋滤、溶蚀、交代、溶解及重结晶等作用在岩石形成后的孔隙和缝洞。在成岩过程中，经压实、胶结及压溶等作用，原生孔隙将逐渐减少，与此同时，可溶性碎屑颗粒和易溶胶结物随着埋深的增加会发生溶解和交代作用，从而促成碎屑岩中次生孔隙的发育。该区储层孔隙类型主要以残余原生粒间孔为主。次生孔隙主要溶蚀孔隙，包括长石溶孔、岩屑溶孔和晶间孔，并有少量浊沸石溶孔、碳酸盐溶孔和微裂隙。

以罗330区的铸体薄片分析为例，该区储层孔隙类型主要有3类：粒间孔、溶蚀孔(长石溶孔和岩屑溶孔)、晶间孔(图2-28)。其中，粒间孔最为发育，粒间孔隙占面孔率的58.8%，是该区长8_2储层油气最主要的储集空间类型(表2-9)。

图 2-28 长石溶孔

表 2-9 罗 330 区块储层孔隙类型统计表

层位	样品数	孔隙组合占比/%						平均孔径/μm
		粒间孔	长石溶孔	岩屑溶孔	晶间孔	其他	面孔率	
长 8$_2$	49	2.20	0.88	0.31	0.30	0.05	3.74	37.17

长 8$_2$ 储层溶蚀孔隙以长石溶孔为主，也是该区最普遍的次生孔隙类型。不过这些溶蚀孔受后期的成岩作用影响较大，尤其是后期的碳酸盐胶结作用较强，破坏了前期形成的孔隙；剩余粒间孔多数被绿泥石膜环包着，所以在绿泥石膜发育的地方，剩余粒间孔也比较发育，成岩作用相对较弱。而溶蚀粒间孔则主要是在较强的成岩作用下，由比较容易溶蚀的长石溶蚀形成的，也有一些是岩屑和黏土填隙物经后期改造溶蚀形成。自生高岭石作为长石溶解的主要产物，自生高岭石的发育受到长石等铝硅酸盐的溶解的控制。镜下常见粒间孔和溶孔被自生高岭石集合体填充(图 2-28)。溶蚀作用对储层孔隙性起建设性作用，而由于高岭石于长石溶解和次生孔隙的关联性，常被作为长石溶蚀和次生孔隙发育的指示矿物。大量的溶蚀孔隙产生于这一过程中，尽管自生高岭石同时占据一部分孔隙，自生

高岭石的发育依然对孔隙有着积极意义，因为其通常仅仅将所占据的部分孔隙转变为了晶间孔隙。该区经常出现的一种孔隙类型是由剩余粒间孔和溶蚀孔组成的混合类孔隙，该孔隙类型储集空间大，喉道连通性强。

三、孔隙结构

采用压汞法研究孔隙结构。毛管压力曲线反映了在一定的驱替压力下水银可能进入喉道的孔隙大小及这种喉道所连通的孔隙体积。毛管压力曲线不仅是孔径分布和孔隙体积的函数，也是孔喉连接方式的函数，更是孔隙度、渗透率和饱和度的函数。应用毛管压力曲线表征孔隙结构：毛管压力曲线中间的相对平缓段的长短表示岩石喉道分布集中度和分选性的好坏，平缓段越长，则岩石喉道分布越集中，分选越好，平缓段越靠下，岩石喉道半径越大、排驱启动压力越低，岩石渗透性越好；反之，平缓段越靠上，岩石喉道半径越小，排驱启动压力越高，岩石渗透性越差(图2-29)。

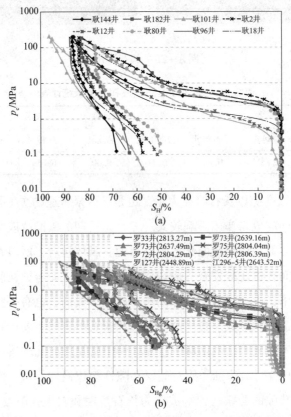

图2-29　环江地区长8₂储层典型毛管压力曲线图(a)及罗228区长8储层压汞曲线(b)

通过压汞资料分析可知，长 8_2 储层均质系数最小为 0.2，最大为 12.6，平均值为 8.8，歪度系数分布于 -0.4 ~ 2.5 之间，分选系数在介于 0.2 ~ 3.3 之间，平均为 2.1，变异系数在 0 ~ 0.3 之间，平均为 0.2；排驱压力平均为 0.5MPa，中值半径为 0.2μm。长 8_2 油层组整体孔隙结构一般，分选较差，中值半径较小，以细喉道为主，孔隙结构属于小孔细喉型（表 2 - 10）。

表 2 - 10　罗 228 区长 8 油层组压汞参数表

井名	层位	井深/m	孔隙度/%	排驱压力/MPa	中值压力/MPa	中值半径/μm	均值系数	分选系数	最大 S_{Hg}/%	退汞效率/%
罗 33 井	长 8_1	2813.27	10.2	1.17	17.12	0.04	11.32	2.49	86.37	42.29
罗 127 井	长 8_1	2448.89	8.4	2.06	9.78	0.08	12.73	1.37	67.29	34.24
罗 75 井	长 8_2	2804.04	13.1	1.72	21.14	0.03	13.00	1.39	62.56	33.13
罗 73 井	长 8_1	2637.49	15	0.35	5.10	0.14	11.58	2.29	86.21	39.04
罗 73 井	长 8_1	2839.16	13.2	0.77	7.89	0.09	12.12	1.94	84.30	37.15
罗 72 井	长 8_1	2806.39	12.1	0.73	8.03	0.09	12.05	2.05	75.85	32.61
罗 72 井	长 8_1	2804.29	10.4	0.91	10.80	0.07	12.34	1.86	69.09	32.10
江 298 - 9 井	长 8	2838.56	5.8	2.98	15.87	0.05	13.08	3.13	70.34	48.76
江 296 - 5 井	长 8	2636.23	14.8	0.72	16.77	0.04	12.80	3.03	72.76	37.52
江 305 - 5 井	长 8	2763.18	12.5	0.73	12.69	0.06	12.43	2.82	82.28	45.36
平均	长 8		11.55	1.21	12.52	0.07	12.35	2.24	75.71	38.22

以罗 228 区孔隙结构参数为例，罗 228 区长 8 储层排驱压力为 1.21MPa，中值压力为 12.52MPa，中值半径为 0.07μm，最大进汞饱和度为 75.71%，退汞效率为 38.22%，分选系数为 2.24，孔隙喉道均偏细，属于细喉小孔和微细喉小孔。

四、储层的裂缝发育特征

环江油田的岩心观察和成像资料表明，环江长 8 储层发育高角度微裂缝，裂缝走向主要为 NE70°左右（图 2 - 30）。2017 年在环江长 8 段罗 38 井区实施注水井压裂 2 井次（江 87 - 43 井、江 89 - 43 井），开展井中微地震监测 2 井次（地 553 - 42 井、江 90 - 42 井）。其中，第一组压裂监测共识别 13 组微地震事件，监测储层压裂裂缝带长度约为 197.0m，主要裂缝宽度为 33.0m，主要裂缝高度为

20.0m，裂缝方位为 NE53°；第二组压裂监测共识别 56 组微地震事件，相比江87-43 井更可靠，监测储层压裂裂缝带长度大约为 309.0m，主要裂缝宽度为70.0m，主要裂缝高度为 29.0m，裂缝方位为 NE67°。

(a)罗322井　　　　　　　　　　　　　(b)罗247井

图2-30　罗247区长8₁储层裂缝观察图

当油水井间存在微裂缝时，随着注水的进行，地层压力增加，当超过裂缝开启压力后，微裂缝开启，沟通油水井，造成裂缝带上的油井快速水淹。因此，可以通过油井见水特征来判断井间是否存在微裂缝及微裂缝的方位。通过试井资料和见水特征分析可知，罗 247 区长 8₁ 储层人工压裂缝半长为 21.6～90.2m（表2-11）。裂缝方向呈现一定多向性，但主裂缝方向为 NE70°左右。

表2-11　罗247区人工裂缝监测数据表

序号	井名	测试时间	裂缝半长/m
1	虎277-316井	2018.6.8	90.2
2	虎293-304井	2018.5.8	51.3
3	虎286-313井	2019.5.13	21.6
4	虎289-308井	2018.7.7	54.4
5	虎293-306井	2018.7.7	84.3

五、岩石表面性质及渗流特征

1. 岩石润湿性

应用自吸驱替法对姬塬油田罗 228 区江 296-5 井、江 305-5 井的长 8 油层组储层样品进行了岩石润湿性测定。从测试结果看，姬塬油田长 8 油层组储层表现为中性-弱亲油（表2-12）。

表2-12　润湿性实验分析表

井名	样品号	井深/m	层位	润湿指数		相对润湿指数	润湿类型
				油润湿指数	水润湿指数		
江296-5井	1-66/87	2636.33	长8	0.34	0.39	0.05	中性
江305-5井	1-(175-176)/230	2767.6	长8	0.49	0.32	-0.17	弱亲油

2. 敏感性

室内敏感性实验分析结果，罗228区长8储层为中等偏弱水敏-强水敏、中等偏弱酸敏-强酸敏、无碱敏-中等偏弱碱敏、无速敏-弱速敏(表2-13)。

表2-13　罗228区长8层敏感性试验分析结果

	水敏	酸敏	碱敏	速敏
敏感指数	41.52~86.54	8.58~49.72	0~34.47	0~0.75
评价结果	中等偏弱水敏-强水敏	中等偏弱酸敏-强酸敏	无碱敏-中等偏弱碱敏	无速敏-弱速敏

3. 水驱油特征

随着含水率的上升，驱油效率平缓而稳定地上升。长8储层最终驱油效率约为40%(图2-31)。

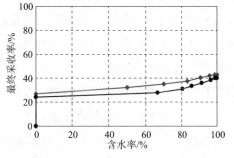

图2-31　长8油藏含水率与驱油效率图

4. 相对渗透率曲线

随着含水饱和度的增加，长8储层油相渗透率均迅速下降，水相渗透率上升较为缓慢，油、水两相流渗流区间较小，油水等渗点处的含水饱和度一般为45%~55%，其相对渗透率较低，长8段平均渗透率仅为$0.13 \times 10^{-3} \mu m^2$。残余油时的水相对渗透率一般小于$0.4 \times 10^{-3} \mu m^2$(图2-32)。

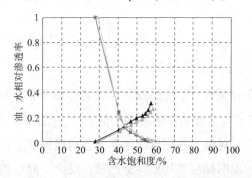

图2-32　长8油段水相对渗透率曲线

六、储层的非均质性

由于受到沉积环境、水动力条件和物源供应等因素的影响，使储层在岩性、物性、产状及内部结构在空间上存在着较大的变化和差异性，这种变化和差异性称为储层的非均质性，是直接影响开采效果的主要地质因素。这种非均质性直接影响着产层流体动态及分布，影响着采收率，也制约着剩余油的分布。研究储层非均质性不仅可以表征储层各种属性的变化规律和变化特点，更重要的是通过建立非均质性模型，为油藏模型的建立、开发方案的优化、选择有效的排驱方法和完井方法提供重要参数。虽然储层的许多性质（如储层几何形状、厚度、孔隙度、渗透率、孔隙结构、束缚水饱和度等）都是非均质的，但在油田开发地质研究中，常把渗透率作为非均质性的集中表现，因为渗透率的各向异性和空间配置是决定储层采收率的主要因素（Weber，1986）。

前人的研究理论将储层宏观非均质性分为3类：①层内非均质性，包括粒度和渗透率的韵律特征，渗透率差异程度以及层内不连续薄夹层的分布等；②层间非均质性，层间孔隙度、渗透率的变化以及渗透率的非均质程度等；③平面非均质性，主要研究储集平面展布形态及厚度的变化。该区的研究是将岩心资料和测井资料结合起来，以渗透率为主线，通过物性参数、砂层岩体参数等表现储层宏观非均质性在垂向和平面上的变化规律。

其中，主要非均质参数是通过渗透率参数（变异系数、突进系数、级差）和砂层参数（砂层数、砂层厚度、砂岩频率、砂岩密度和油层系数）来确定的。

1. 渗透率变异系数 V_K

变异系数是一个数理统计概念，用于度量统计的若干数值相对于其平均值的分散程度或变化程度，是指一定井段内渗透率样品的标准偏差与平均值的比值。用下式计算：

$$V_K = \frac{\sqrt{\sum_{i=1}^{n}(K_i - \bar{K})^2/n}}{\bar{K}} \qquad (2-1)$$

式中，V_K 为渗透率变异系数；K_i 为层内某样品的渗透率值，$i=1, 2, 3, \cdots, n$，$10^{-3}\mu m^2$；$\bar{K}$ 为层内所有样品渗透率值的平均值，$10^{-3}\mu m^2$；n 为层内样品个数。

变异系数能够从相对量上来评价渗透率的非均质程度，是非均质评价的主要参数，其数值愈大，说明储层非均质性愈严重；反之，储层越均质（表2-14）。

表 2-14　变异系数评价标准

变异系数	>0.6	0.3~0.6	<0.3
非均质程度	强	中等	弱

2. 渗透率突进系数(T_K)

表示砂层中最大渗透率与砂层平均渗透率的比值。用下式计算：

$$T_K = \frac{K_{max}}{\overline{K}} \qquad (2-2)$$

式中，$N = 100Ah\Phi(1-S_{wi})\rho_o/B_{oi}$ 为渗透率突进系数；K_{max} 为层内最大渗透率，一般用砂岩内渗透率最高的相对均质层的渗透率来表示，$10^{-3}\mu m^2$。

突进系数是评价储层非均质性的重要参数，其变化范围为 1.84~12.26，一般地，当 $T_K > 3$ 时，表示非均质程度强(表 2-15)。

表 2-15　突进系数评价标准

突进系数	>3	2~3	<2
非均质程度	强	中等	弱

3. 渗透率级差(J_K)

渗透率级差为砂层内最大渗透率与最小渗透率的比值。

式中，K_{min} 为最小渗透率值。

一般地，渗透率级差越大，非均质性越强(表 2-16)。

表 2-16　级差评价标准

级差	>6	2~6	<2
非均质程度	强	中等	弱

4. 砂层数、砂层厚度、砂岩频率、砂岩密度及油层系数

砂层数、砂层厚度、砂层频率、砂岩密度反映砂体发育，砂层频率指垂向上单位厚度地层内砂层出现的个数，其值越大，则砂层越多；砂岩密度指垂向上砂岩累计厚度与地层厚度的比值，比值越大，则砂体越发育。油层系数是指油层数、油层厚度、油层频率和油层密度，它们都反映储层分布的非均质程度。以砂层频率和砂岩密度描述砂体的发育程度和层间非均质性，可以分为5种情况：①砂层频率和砂层密度均较高，反映叠置状的厚层砂岩夹薄层泥岩组合，层间非均质性较强；②砂层频率较高而砂岩密度中等，反映砂泥岩薄互层组合特征，层间

非均质性极强；③砂层频率中－高而砂岩密度低，反映薄层状砂岩呈频繁夹层产出，亦具极强层间非均质性；④砂层频率低－中等而砂岩密度高，反映连续叠置状产出的中厚层砂岩组合，泥质夹层少，层间非均质性中等至较弱；⑤砂层频率和砂岩密度均较低，反映砂岩呈孤立夹层产出，层间非均质亦极强。

储层的层间非均质性

层间非均质性是划分开发层系、决定开采工艺的依据，同时，层间非均质性也是注水开发过程中导致层间干扰和水驱差异的重要原因。层间非均质性主要受沉积相的控制。

(1)分层系数是指被描述层系内所有井的砂层数之和与统计井数的比值。由于沉积微相的不同，同一层系的砂层层数会发生变化，可以用平均单井钻遇率来表示，分层系数愈大，层间非均质性愈严重，油藏开发效果也就不理想。

(2)砂岩密度是指垂向剖面上的砂岩总厚度与地层总厚度之比，它放映了纵向上各单层砂岩发育程度的差异。

长 8_1 油藏各小层砂岩密度、分层系数统计结果见表 2 – 17。

表 2 – 17　长 8_1 油藏各小层砂岩密度、分层系数统计表

层位	砂层厚度/m	小层厚度/m	砂岩密度/%	分层系数
长 8_1^1	2.19	6.53	0.34	0.83
长 8_1^{2-1}	8.61	9.91	0.87	2.06
长 8_1^{2-2}	8.05	10.11	0.80	1.84

从砂岩密度、分层系数看，罗 247 区长 8_1 油藏各小层层间非均质性较强，长 8_1^{2-1} 小层、长 8_1^{2-2} 小层砂岩密度最大，砂体最为发育，分层系数较大，层间非均质性较强，长 8_1^1 小层砂岩密度低，砂体不发育，分层系数低。

长 8_1^{2-2} ~ 长 8_1^{2-1} 小层间隔层厚度相对较薄，长 8_1^{2-1} ~ 长 8_1^1 隔层厚度相对较厚(图 2 – 33)。从隔层厚度平面分布图看，长 8_1 油藏各小层间隔层厚度平面分布不均，其中，长 8_1^{2-2} ~ 长 8_1^{2-1} 小层间隔层不发育，厚度较薄。长 8_1^{2-1} ~ 长 8_1^1 小层间隔层厚度相对较厚，但连片分布。

储层的平面非均质性

储层在平面上的物性的差异是造成平面非均质性的主要原因，尤其是孔隙度、渗透率的差异对非均质性的影响最大。而储层物性受到沉积微相和砂体厚度的控制，物性高值区主要分布在砂体比较厚的河道中心处，沿河道砂体呈带状分

布，长 8_1 油藏渗透率最高可达 $0.8 \times 10^{-3}\,\mu m^2$ 以上；河道边缘物性较差，一般为 $0.1 \times 10^{-3}\,\mu m^2 \sim 0.3 \times 10^{-3}\,\mu m^2$；分流间湾物性最差，渗透率低于 $0.1 \times 10^{-3}\,\mu m^2$，平面非均质性较强。整体呈现出"南北相通，东西分带"的特点，即近南北向连通性好，东西向非均质性强。

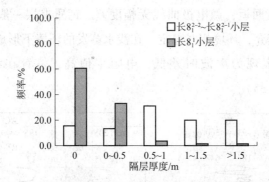

图 2 – 33　长 8_1 油藏各小层间隔层厚度分布频率图

储层的层内非均质性

层内非均质性是指一个单砂体内垂向上粒度韵律变化、沉积构造的垂向变化、压实和滑动等引起的微缝及夹层的不均匀性。从渗透率级差、突进及变异系数看，罗 247 区长 8_1 油藏长 8_1^{2-1} 小层属于较均质储层，长 8_1^1 小层和长 8_1^{2-2} 小层属于不均质储层（表 2 – 18）。

表 2 – 18　罗 247 区长 8_1 油藏各小层非均质性评价

	长 8_1^1 小层	长 8_1^{2-1} 小层	长 8_1^{2-2} 小层
$K_{max}/10^{-3}\,\mu m^2$	1.12	1.31	1.19
$K_{min}/10^{-3}\,\mu m^2$	0.03	0.03	0.03
$K_p/10^{-3}\,\mu m^2$	0.41	0.44	0.34
级差	37.3	43.7	39.7
突进	2.73	2.98	3.50
变异	0.80	0.63	0.66
非均质性评价	不均质	较均质	不均质

层内不连续薄夹层对流体的流动性可以起到隔层或极低渗透率的高阻作用，影响驱油效率以及层内宏观的垂直与水平渗透率的比值，有时还可以直接遮挡注入剂，使驱油效果变差，对水驱油过程影响很大。与此同时，夹层还影响着垂向渗透率分布，夹层越多，层内的渗透率非均质性越强。根据测井曲线和录井资料

统计分析，罗247区主力小层层内夹层发育比较普遍，主要有泥质夹层和钙质夹层两种类型。

泥质夹层主要由泥岩组成，主要是由于水道的短暂的废弃或湖侵形成的泥质沉积，厚度一般都小于2m，不具有渗透性，在测井曲线上反映高自然伽马值，自然电位曲线明显回返，微电极曲线无幅度差。钙质夹层一般分布在河道的顶部，由于河道的废弃，环境相对稳定，在浅水蒸发的环境下形成钙质胶结层。在测井曲线上主要表现为声波时差低，电阻率值高，发育在河道砂岩的顶部（图2-34、图2-35）。

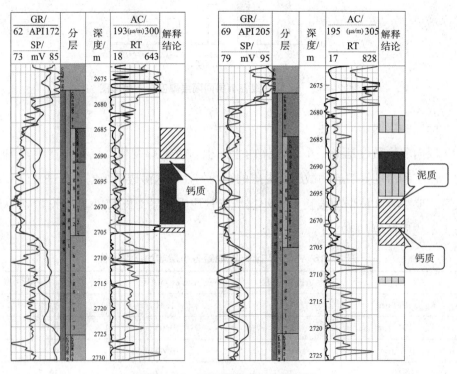

图2-34 不同类型夹层曲线特征

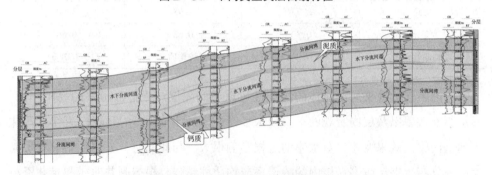

图2-35 夹层类型剖面分布特征

罗 247 区长 8_1 各小层夹层厚度分布直方图见图 2 – 36。长 8_1 油藏砂体较发育，尤其是长 8_1^2 层，因此，长 8_1^2 层两个小层夹层厚度整体较薄，3 个小层无夹层的井数均占总井数的 70% 以上，其中，长 8_1^1 小层和长 8_1^{2-1} 小层比长 8_1^{2-2} 小层更薄。

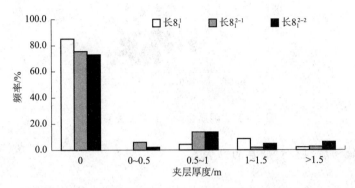

图 2 –36   罗 247 区长 8_1 各小层夹层厚度分布直方图

从夹层厚度平面分布看，长 8_1 各小层夹层厚度整体较薄，不利于层内分注，其中，长 8_1^{2-2} 小层夹层厚度分布相对较厚，且平均分布不均，显示了较强的层内非均质性；而长 8_1^{2-1} 和长 8_1^1 小层夹层厚度较薄。

七、储层发育的主控因素

储层物性受沉积物原始组分、沉积作用、成岩作用和构造作用的多重影响，它们是相互联系的。其中，沉积作用是基础，它不仅在一定程度上决定了储层岩石的原始组分和岩石结构，在宏观上控制储层分布范围，而且影响后期的成岩作用类型和强度；成岩作用是关键，它影响储集空间的演化过程和储层孔隙结构特征，并最终决定储层物性的好坏，构造作用通过大幅度提高储层渗透率而提高油气产能，是储层高产的重要条件。

1. 沉积相带对储层的影响

沉积相带决定了沉积物颗粒的大小和分选程度，一般距离物源区越远的相带，由于经历长距离的搬运，粒度越细，分选越好。分选好的砂体一般在高压作用下，虽然颗粒间堆积紧密，但仍能保持较好的孔隙。同时，颗粒粒径将直接影响粒间孔的保存、孔径的大小和喉道的粗细。罗 247 区长 8_1 段发育三角洲前缘亚相沉积体系，储集砂体岩性为厚层块状灰色、灰黑色细粒长石岩屑砂岩及岩屑长石砂岩，结构成熟度、成分成熟度较低，分选性中等。泥质碎屑类会随着地层上覆压力的增加，被挤压变形呈假杂基状态充填在孔隙中，使储层的物性变差（图2-37）。

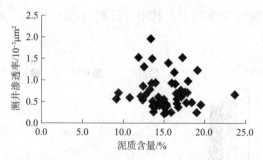

图2-37 泥质含量与测井渗透率关系

2. 原始物质组分对储层的影响

1）岩屑

根据环江油田长8储集砂岩中石英颗粒与面孔率的关系（图2-38）可知，随着岩屑含量的增大，面孔率有增大的趋势，因为岩屑中的易溶组分在酸性水的作用下发生溶蚀，形成部分岩屑溶蚀孔。

2）长石

长石含量与面孔率有较好的正相关关系（图2-39），长石含量越多，储层物性越好。由于环江油田碎屑颗粒中被溶组分主要是长石，所以其含量越高，溶蚀强度就越大，溶蚀孔隙就越发育。

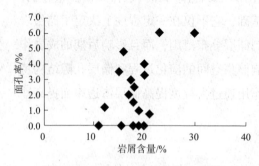

图2-38 罗247区长8₁油层岩屑
含量与面孔率关系

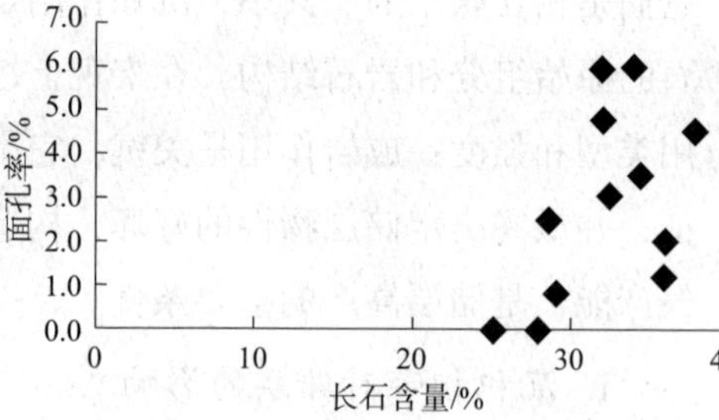

图2-39 罗247区长8₁油层长石
含量与面孔率关系

3. 成岩作用对储层的影响

研究表明，环江油田储层主要经历了压实作用、胶结作用、交代作用、重结晶作用和溶解作用等成岩作用。不同的岩石类型在埋藏成岩作用过程中的成岩作用路径、类型和成岩环境不同，孔隙喉道的发育状况不同，储集性能也各不相同。

1)压实作用对储层物性的影响

压实作用是导致环江油田砂岩孔隙丧失的主要原因。岩石的矿物成分对储集层物性有较大的影响：若岩石中含有较多的脆性组分，在压实作用过程中具有较强的抗压实性，可以保留大部分原生孔隙，而且脆性组分破裂后也会产生一些次生裂隙。在砂岩碎屑颗粒中，石英颗粒的抗压能力最强，长石次之，岩屑的抗压能力最差。但是石英颗粒容易发生压溶而形成次生加大，在一定程度上将破坏储层的物性。另外，长石比石英容易发生溶蚀，在一定条件下，长石的次生溶蚀会改善储集层的物性。

砂岩碎屑成分上，该区整体上以岩屑长石砂岩和长石岩屑砂岩为主。砂岩的成分成熟度较低，富含火山岩、浅变质岩等各种岩屑，其含量可达17.4%，云母含量也达5.75%。尽管不同层位的岩屑组成存在一些差异，但岩屑成分中均含抗压实能力差的塑性岩屑(云母和塑性火山岩等)。由于碎屑组分中的塑性颗粒组分的抗压性能较弱，在压实作用过程中对原生孔隙具有较大的破坏作用，因而在较强的压实作用下可挤压变形。同粒度条件下，砂岩塑性含量越高越易压实，压实作用是该区砂岩储层物性变差的最重要原因。

2)胶结作用对储层物性的影响

胶结作用对储层物性的影响比较复杂。一般来说，胶结物充填孔隙使储层物性变差，但早期胶结作用能抑制压实作用的强度，胶结物的后期溶蚀作用能有效改善储层的物性。环江油田碎屑岩储层中的成岩自生矿物(主要为碳酸盐胶结物、黏土矿物胶结物和硅质胶结物)比较发育，它们对储层物性有不同程度的影响。

(1)黏土矿物对储层物性的影响。

砂岩中的黏土矿物是影响其储集性能的一个重要因素。黏土矿物的成因、绝对含量、成分、产状及晶体形态等在不同程度上都能影响砂岩的储集性能。

绿泥石环边的存在对储层的影响主要体现在两个方面，它一方面可以阻止石英的次生加大，并且能在某种程度上减缓压实作用的改造，对孔隙保存具有积极作用；但当绿泥石薄膜大于一定厚度时，则会堵塞孔隙，减少孔隙度，使孔渗变差。通过统计分析该区自生绿泥石的含量与面孔率之间的关系可知，该区发育的绿泥石的砂岩物性较好(图2-40)。但当绿泥石含量过高时，可能呈斑点状或片状充填，会占据粒间孔隙体积，使喉道发生堵塞，降低孔隙度和渗透率。

碎屑岩储层中自生伊利石的形成机制受众多因素控制，包括岩石埋藏前组成

(物源)、孔隙流体性质、黏土矿物(尤其是初始黏土矿物)的性质以及系统的封闭性与开放性等;不稳定长石(钙长石、钠长石及其过渡类型)的溶解与伊利石沉淀有关。该区自生伊利石含量集中约为1%~7%。经统计可知,该区自生伊利石含量与面孔率负相关(图2-41)。

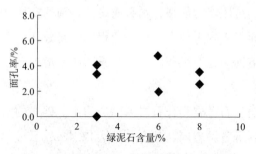

图2-40 长8₁绿泥石含量与面孔率关系

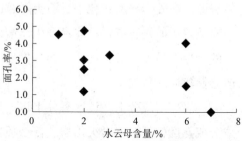

图2-41 长8₁水云母含量与面孔率关系

(2)碳酸盐胶结物对储层物性的影响。

早期成岩作用阶段形成的微晶方解石胶结物使一部分原生粒间孔丧失。中-晚期碳酸盐矿物充填于粒间孔隙中或交代砂岩骨架颗粒及填隙物,石英砂岩中可以观察到铁方解石交代石英颗粒及粒间陆源黏土和杂基,并使石英颗粒边缘呈港湾状、锯齿状现象。在交代强烈部位可见石英颗粒呈残余状,彼此不接触地散布在碳酸盐交代物中。晚期碳酸盐在交代骨架颗粒和填隙物时也不可避免地充填了早期形成的部分粒内/粒间溶蚀孔隙和原生残留孔隙,从而降低了砂岩的孔隙度和渗透率,使储层物性变差,因此,属于破坏性成岩作用的范畴。但在晚期碳酸盐矿物未交代部位,次生孔隙和原生残留孔隙仍可以保存下来。高含量的亮晶方解石可造成大量孔隙的丧失。裂缝充填型方解石使一部分次生溶蚀缝及构造裂缝孔隙度降低。

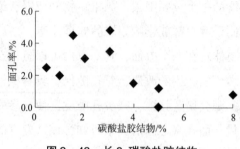

图2-42 长8₁碳酸盐胶结物含量与面孔率关系

统计结果显示,该区碳酸岩胶结物的含量从0~40%不等,碳酸盐胶结物含量与物性之间呈负相关关系,随着碳酸盐胶结物含量增加而面孔率减小。孔隙度的高值主要出现在碳酸盐胶结物<5%的区间(图2-42)。因此,一般碳酸盐低含量区储层条件较好。

(3)硅质胶结物对储层物性的影响。

由于石英次生加大强度是成岩温度的函数，随着储层埋深加大，粒间孔隙逐渐被次生加大石英所充填，导致储层孔隙度减少，储层性质变差。扫描电镜下所观察到的自生石英部分以次生加大边形式产出，呈自形较好的晶体充填于粒间孔隙中，部分呈微晶自形石英充填于溶孔内。石英加大边占据了砂岩中一部分孔隙空间，对孔隙虽有一定的破坏作用，但较早形成的石英加大边的支撑，抑制了压实作用，对原生粒间孔起到了一定的保护作用，一旦含量较多，则会影响孔隙的发育和保存。自生微晶粒状石英却占据了次生溶孔形成的空间，减少了孔隙，使砂岩渗透率明显降低。

该区硅质胶结物的含量从 0.5% ~ 10% 不等，经统计可知，硅质胶结物含量与面孔率的关系如图 2 - 43 所示，硅质胶结物与面孔率基本呈负相关。

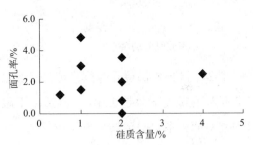

图 2 - 43 长 8₁ 硅质胶结物含量与面孔率关系

八、物性参数解释

环江油田罗 247 区部分井原测井解释资料存在的一定的问题：首先，解释参数不一致；其次，原油水层解释结果存在一定的问题，如部分井未解释出油水层，但实际已投产采油，或部分井解释为水层、试油也未见油，但投产后有原油产出。因此，为了更准确地刻画储层属性和油层在三维空间的展布，对该区开展了测井二次解释，建立了统一的判试标准来识别有效厚度。利用经验公式并在原解释工作基础上，重新解释储层孔隙度、渗透率、含水饱和度，并结合试油和生产动态资料，综合利用孔隙度 - 电阻率交会图法和孔隙度 - 电阻率重叠法进行有效厚度（油水层）的判别。

经探井孔隙度与声波时差关系拟合，罗 247 区长 8₁ 油藏孔隙度与声波时差之间满足较好的线性关系（图 2 - 44）：

$$\Phi_{OR} = 0.3209DT - 62.41 \tag{2-3}$$

式中，Φ 为有效孔隙度，%；DT 为声波时差，$\mu s/m$。长 8 段渗透率的解释利用岩心分析的孔隙度与渗透率的关系解释计算（图2 - 45）：

$$K = 0.0078e^{0.4234\Phi} \tag{2-4}$$

式中：K 为渗透率，$10^{-3}\mu m^2$。

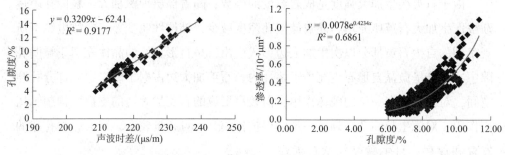

图 2-44　长 8₁ 油藏孔隙度与
声波时差的关系

图 2-45　长 8₁ 油藏岩心分析孔隙度与
渗透率的关系

罗 247 区长 8₁ 储层孔隙度、渗透率交会图见图 2-46。根据储能和丢失情况，长 8₁ 储层孔隙度下限是 6.0%，渗透率下限是 $0.07 \times 10^{-3}\mu m^2$。根据孔隙度与声波时差对应关系，确定长 8₁ 储层电性的声波时差下限为 215μ/m。

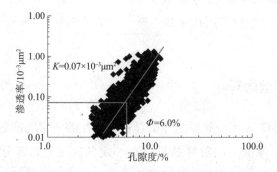

图 2-46　罗 247 区长 8₁ 油藏孔隙度、渗透率交会图

饱和度的解释通常利用阿尔奇公式计算：

$$S_O = 1 - S_W = 1 - \sqrt[n]{\frac{ab\,R_W}{\Phi^m R_t}} \qquad (2-5)$$

式中，S_O 为含油饱和度，S_W 为含水饱和度，Φ 为孔隙度；R_t 为地层电阻率，$\Omega \cdot m$；a、b 分别为岩性系数；m 为孔隙度指数；n 为饱和度指数；R_W 为地层水电阻率，$\Omega \cdot m$；a、b、m、n 通常由岩电实验确定，长 8 层具体取值为：$a = 4.4075$，$b = 1.1355$，$m = 1.1630$，$n = 2.0069$。

九、有效厚度识别

利用孔隙度-电阻率交会图法进行有效厚度（油水层）的判别。根据试油资料以及低阻水层等，绘制储层孔隙度于电阻率的交汇图，确定罗247区长8_1储层的有效厚度下限标准(图2-47、图2-48)。结果表明，各储层有效厚度下限为：孔隙度(Φ) >6.0%，电阻率(R_t) >40Ω·m，含水饱和度(S_w) <65%。

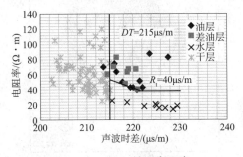

图2-47 长8_1储层电阻率、声波时差交会图

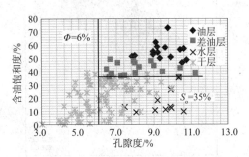

图2-48 长8_1储层孔隙度、含油饱和度交会图

第5节 储量计算

一、储量计算方法

以油藏为单元，采用容积法计算，公式如下：

$$N = 100Ah\Phi(1 - S_{Wi})\rho_0/B_{0i} \qquad (2-6)$$

式中，N 为原油地质储量，10^4t；A 为含油面积，km^2；h 为油层平均有效厚度，m；Φ 为平均有效孔隙度；S_{Wi} 为平均原始含水饱和度；ρ_0 为平均地面原油密度，t/m^3；B_{0i} 为平均地层原油体积系数。

二、储量计算参数

1. 含油面积确定

含油面积由油层厚度零线或外围控制井外推1个井距确定。罗247区长8_1^{2-2}小层含油面积为33.71km^2(图2-49)，长8_1^{2-1}小层含油面积为39.25km^2(图2-50)，长8_1^1小层含油面积为0.76km^2(图2-51)，长8_1油藏叠合含油面积为44.71km^2(图2-52)。

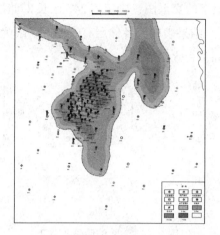
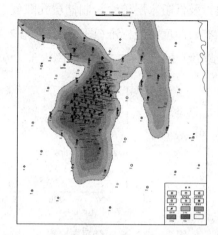

图 2-49　罗 247 区长 8_1^{2-2} 小层含油面积图　　图 2-50　罗 247 区长 8_1^{2-1} 小层含油面积图

图 2-51　罗 247 区长 8_1^1 小层含油面积图　　图 2-52　罗 247 区长 8_1 油藏叠合含油面积图

2. 有效厚度下限确定

通过分析可知，罗 247 区岩性下限为细砂级以上；含油性下限为油斑级以上；物性下限为渗透率取 $0.07 \times 10^{-3} \mu m^2$，孔隙度取 6.0%；电性下限为 $R_t > 40\Omega \cdot m$，$\Delta t > 215 \mu s/m$。

3. 有效厚度

环江油田长 8_1 储层依据物性下限标准，进行有效厚度解释（有效层起算厚度和夹层起扣厚度均为 0.4m）。据单井有效厚度解释结果，平均有效厚度采用算术平均法、几何平均法及面积权衡法 3 种方法进行计算。考虑到各油藏含油面积内井点分布不太均匀，因此，长 8_1 油藏储量计算平均有效厚度取等值线面积权衡值，有效厚度取值为14.8m。

4. 有效孔隙度

平均有效孔隙度用含油层段取心资料，根据不同埋深地面孔隙度的压缩校正试验结果，将岩心分析孔隙度扣除0.5%换算到地层条件下后参加储量计算(图2-53)。罗247长8_1油藏取心井岩心分析平均孔隙度为7.71%。

5. 原始含油饱和度

根据压汞、测井解释、密闭取心3种方法，结合该区储层特征、孔隙发育程度、含油情况等，综合分析可知罗247区长8_1油藏平均含油饱和度为53%。

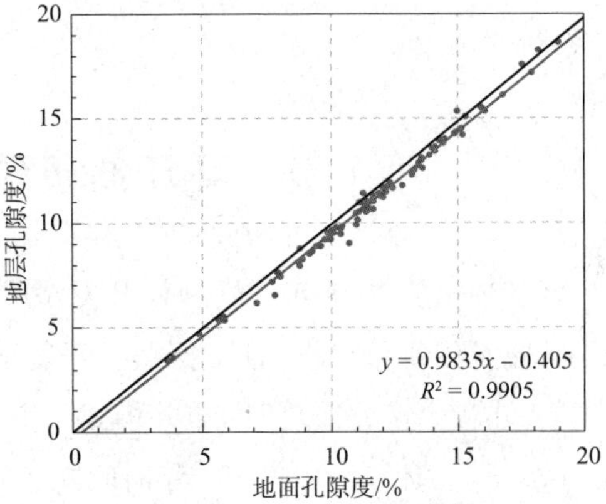

地层孔隙度/%
地面孔隙度/%
y = 0.9835x - 0.405
R² = 0.9905
0
5
10
15
20

图2-53　地面孔隙度-地层孔隙度关系图

6. 地面原油密度

依据罗247区长8_1油藏的各井实际原油分析样品，取算术平均值参加储量计算可知，长8_1油藏原油密度为0.8327g/cm^3。

7. 原油体积系数与气油比

依据各井实际原油分析样品，取算术平均值参加储量计算可知，罗247区长8_1储层原始体积系数取值1.363。

三、储量计算结果

根据上述参数确定原则取值可知，罗247长8_1油藏开发预测储量为1470.1×10^4t(表2-19)。

表2-19　罗247区长8_1油藏储量计算结果

油藏	小层	含油面积/km^2	油层厚度/m	孔隙度/%	含油饱和度/%	原油密度/(g/cm^3)	体积系数	地质储量/10^4t
长8_1	长8_1^1	0.76	2.72	9.31	52.6	0.8327	1.363	6.2
	长8_1^{2-1}	39.25	7.86	8.92	51.4	0.8327	1.363	864.1
	长8_1^{2-2}	33.71	6.46	8.49	53.1	0.8327	1.363	599.8
	合计	44.71						1470.1

第3章 环江油田致密油藏开发特征

第1节 环江油田致密油藏开发简况

环江油田从 2008 年开始规模开发，通过开展超前注水、水平井钻井、体积压裂等技术创新和实施"骨架探路、开发跟进"的勘探开发一体化战略，以及采用"重点击破、南北兼攻"的布井模式，牢牢牵住了"多打井、打好井、快上产"的"牛鼻子"，环江油田仅用 5 年时间就建成了年百万吨的生产能力。

环江油田长 8 油藏开发始于 2009 年，主要在耿 73 区、罗 38 区、罗 228 区、白 32 区、罗 158 区、罗 247 区等区规模开发，开发初期(2009~2013 年)在耿 73 区、罗 38 区、罗 228 区等区主要采用井距 480m、排距 160m 菱形反九点注采井网常规压裂注水开发，投产油井 721 口，初期平均单井日产油 2.8t，含水率为 21.8%；后变为平均单井日产油 1.0t，含水率为 35.8%。随着开发程度的深入，储量品位降低，开发难度增大，常规压裂开发单井产量较低，2014~2016 年，试验定向井体积压裂同步注水开发，主要在罗 158 区、罗 228 区等区采用井距 480m、排距 130m 菱形反九点注采井网，共投产油井 116 口，初期平均单井日产油 2.7t，含水率为 23.7%；后变为平均单井日产油 1.1t，含水率为 34.3%。随着储层品位进一步变差，开发技术政策不断优化，2017~2018 年，主要在罗 247 区、耿 73 区、环 323 区等区采用井距 420~450m、排距 100~130m 菱形反九点注采井网超前注水开发，共投产油井 273 口，初期平均单井日产油 2.2t，含水率为 37.8%；后变为平均单井日产油 1.5t，含水率为 31.9%，实现了低品位储量的效益开发。

一、耿 73 区、罗 38 区长 8_1 油藏 2009 年投入开发

耿 73 区、罗 38 区主要开采层位为长 8_1 段，至 2014 年年底，动用含油面积

$109.76km^2$，动用地质储量4585.5×10^4t，区块平均孔隙度10.8%，平均渗透率$0.69 \times 10^{-3} \mu m^2$，属于超低渗岩性油藏。耿73区、罗38区长8油藏从2008年试验建产，采取菱形反九点井网，注水开发，经历了前期准备、全面开发、产量递减3个阶段，目前产量相对稳定。

第一阶段(2010年以前)：前期准备阶段。开发初期只有3口井，2009年6月以后开始大量投产。

第二阶段(2010~2011年)：全面开发阶段。早期建产区域主要位于油藏中部，油层物性相对较好，全区日产油量随着投产井数增加，产量大幅度上升。

第三阶段(2012年至今)：产量递减阶段。这一阶段由于建产区域物性变差以及受老井递减、含水上升的影响，区块开发矛盾逐步显现。另外，2014年受中部污水井欠注影响，造成中部的部分井无法正常注水，影响了地层能量补充；同时，裂缝开启导致含水上升矛盾开始暴露，全区压力保持水平下降。

截至2016年7月，耿73区油井总井数为74口，开井71口，日产液$98m^3$，井口日产油77t，平均单井日产油1.2t，综合含水率为21.4%，平均动液面1650m，采油速度为0.59%，采出程度为5.47%，水井总井数26口，水井开井23口，日注水$398m^3$，平均单井日注$16.6m^3$，月注采比2.9，累计注采比2.1。

截至2016年7月，罗38区油井总井数为375口，开井291口，日产液$501m^3$，井口日产油311t，平均单井日产油1.2t，综合含水率为37.9%，平均动液面1609m，采油速度为0.28%，采出程度为2.34%，水井总井数153口，水井开井143口，日注水$2052m^3$，平均单井日注$14.3m^3$，月注采比3.1，累计注采比2.4。

二、罗228区长8_1油藏2010年投入开发

罗228区(长8段)于2010年投入开发，至2013年9月，油井开井364口，注水井116口，控制含油面积$35km^2$，地质储量2197.82×10^4t。罗228井区于2010年8月开始投产，到2013年2月，处于大量建产阶段。投产总井数达463口，其中，采油井348口，注水井115口，累计注采比为1.58；平均单井日产油量为1.58t，含水率为23.2%。2013年3月至今，油藏处于稳产阶段。投产总井数增加到480口左右，年产油量为21.4×10^4t，采油速度为0.97%，累计注采比为1.56，采出程度达到2.05%；平均单井日产油量为1.57t，含水率为25.5%。截至2013年9月，罗228井区油井开井364口，平均单井日产油1.57t，平均单

井日产水 0.63m³，月产油量为 17099.3t，月产水量为 6881.0m³，综合含水率 25.5%，累计产油量为 45.1×10⁴t，累计产水量为 14.5×10⁴m³；水井开井 116 口，平均单井日注水量为 11.5m³，月注水量为 39995.4m³，累计注水 122.7×10⁴m³。

三、罗 247 区长 8₁ 油藏 2017 年投入开发

罗 247 区长 8 油藏位于姬塬油田南部，探明面积 28km²，探明地质储量 1550×10⁴t，动用含油面积 7.5km²，动用地质储量 330×10⁴t。

罗 247 区长 8₁ 油藏自 2017 年采用定向井无井别开发、定向井超前注水开发（井排距 480m×150m、480m×100m）、大斜度井超前注水开发等 4 个阶段，完钻 108 口，其中，定向油井 56 口，大斜度井 20 口，注水井 32 口。

第一阶段（2017 年）：采用定向井无井别开发，井排距 600m×120m，油井采用体积压裂、自然能量开采。投产井 1 口，初期产能 2.1t/d。

第二阶段（2018 年）：定向井超前注水开发阶段（井排距 480m×150m），油井采用体积压裂注水开发，超前注水量 3487m³，投产井数 27 口，初期产能 2.0t/d，后期产能 0.72t/d。

第三阶段（2018 年）：定向井超前注水开发阶段（井排距 480m×100m），油井采用体积压裂注水开发，超前注水量 5716m³，投产井数 20 口，初期产能 1.9t/d，后期产能 0.62t/d。

第四阶段（2020 年）：大斜度井超前注水开发阶段，井排距 400m×100m，油井采用细分切割压裂注水开发，超前注水量 4610m³，投产井数 13 口，初期产能 2.2t/d，后期产能 0.32t/d。

截至 2021 年 3 月，罗 247 区长 8₁ 油藏开发区域油井开井 72 口，日产液 143.6m³，日产油 49.0t，单井日产液 1.99m³，单井日产油 0.68t，综合含水率为 58.4%，动液面为 1684m；水井开井 35 口，日注水 421m³，单井日注水 12.0m³，月注采比 2.96，累计注采比 2.77，采油速度 0.65%，地质储量采出程度 2.00%。

四、罗 330 区长 8₂ 油藏 2018 年投入开发

罗 330 区主要含油层系为长 8₂ 油藏，砂体连片性好，油层分布稳定。于 2018~2019 年投入开发，截至目前动用含油面积 3.2km²，地质储量 176×10⁴t。区块采用 450m×120m 菱形反九点井网注水开发，2019 年投产井主要为滞后注

水，2020 年投产井以超前注水为主。截至 2021 年 5 月，投产井 59 口，其中，油井 43 口，日产液 139.2t，日产油 53.15t，单井产能 1.23t，综合含水率为 55.66%；注水井 16 口，日注水 160.3m^3，单井日注水 10.0m^3，月注采比 1.34，累积注采比 0.84；累计产油 5.14×10^{4}t，采油速度 1.36%，采出程度 2.77%。

五、巴 19 区长 7$_2$ 油藏 2018 年投入开发

巴 19 区长 7$_2$ 油藏规模开发始于 2018 年，已建产能 30×10^{4}t。截至目前完钻开发井 215 口，其中，油井 174 口，投产 174 口，初期平均日产油 2.9t，含水率为 25.3%，目前单井平均日产油 2.4t，含水率为 22.1%。

环江油田长 7$_2$ 油藏经历了两个开发阶段：第一阶段（2018～2020 年）：体积压裂超前注水开发阶段。①2018 年开始采用 420m×120m 井距开展定向井超前注水开发。巴 19 区共完钻定向井 50 口，平均有效厚度 13.6m；试油 50 口，平均压裂段数 2.0 段，砂量 60m^3，排量 4m^3/min，入地液量 550m^3，平均日产油 17.5m^3，日产水 6.0m^3；投产 50 口，平均初期日产油 2.2t，含水率为 22.4%，后期日产水 1.6t，含水率为 19.3%，平均投产 296 天，累产油 490t。建产能 15×10^{4}t。②2019～2020 年，采用 420m×120m 井网大斜度井超前注水开发，共完钻大斜度井 84 口，平均有效厚度 76.9m，钻遇率 87%，试油 66 口，平均压裂段数 4.3 段，砂量 275m^3，排量 5.3m^3/min，入地液量 2000m^3，平均日产油 24m^3，日产水 7.8m^3；投产 65 口，平均初期日产油 3.6t，含水率为 25.6%，后期日产水 3.1t，含水率 21.0%，平均投产 153 天，累产油 491t。第二阶段（2020～2021 年）：针对渗透率小于 0.13×10^{-3}μm^2 的致密油藏，转变开发方式，采用长水平井准自然能量＋中后期注水或气驱开发模式。巴 19 区长 7$_2$ 油藏南部主要发育长 7$_2^1$ 小层，层位单一，厚度较薄，且物性较差（约为 0.13×10^{-3}μm^2），采用长水平井开发。南部油藏储层物性差（约为 0.13×10^{-3}μm^2），启动压力梯度高，渗流阻力大，有效驱替半径小（约为 65m），且体积压裂后缝网复杂，见水风险大，因此，巴 19 区南部油藏采用准自然能量开发。水平井准自然能量开发时，能量衰竭较快，递减较大，中后期可采用注水或气驱替（吞吐）补充地层能量，提高单井产量。

第 2 节　油藏类型及特征

环江油田长 8 油藏分为上、下两套，主力层为上部的长 8$_1$ 层。油藏埋深 2680～

2720m，平均油层厚度为 16.2m，岩心分析孔隙度为 8.67%，渗透率为 $0.42 \times 10^{-3} \mu m^2$，油层温度为 72.2℃，原始地层压力为 19.4MPa，饱和压力为 14.36MPa，压力系数为 0.71，气油比为 $137.32m^3/t$，地层水矿化度为 34.15g/L，水型为 $CaCl_2$ 型，pH 值为 5.6。地面原油密度 $0.835g/cm^3$，地面黏度为 $4.2mPa \cdot s$，油藏未见边底水，以弹性溶解气驱动为主。该油藏属于超低渗岩性油藏。

一、罗 38 区、耿 73 区长 8_1 油藏为岩性油藏

罗 38 区、耿 73 区长 8_1 油层组油藏类型以岩性油藏为主。罗 38 区、耿 73 区长 8 油层组油藏主要受水下分流河道及水下分流河道侧翼砂体控制，水道多呈西北 – 东南方向展布，有的被水下分流间湾微相所分割，形成岩性油藏，如罗 38 区长 8_1^3 油藏，江 80 – 47 井、江 82 – 49 井长 8_1^3 小层油层钻遇厚度为 0m，邻近井江 81 – 48 井长 8_1^3 小层钻遇厚度为 8.1m 的差油层（图 3 – 1、图 3 – 2）。

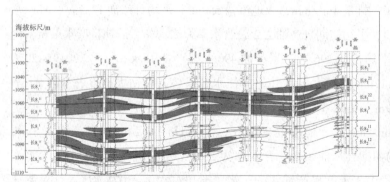

图 3 – 1　罗 38 区岩性油藏横剖面示意图

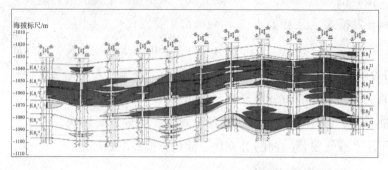

图 3 – 2　罗 38 区岩性油藏纵剖面示意图

耿 73 区长 8_1 油藏以岩性油藏为主，如长 8_1^1 油藏，江 17 – 51 井长 8_1^1 小层油层钻遇厚度为 0m，邻近井 396 – 51 井长 8_1^1 小层钻遇厚度为 5.8m（图 3 – 3、图 3 – 4）。

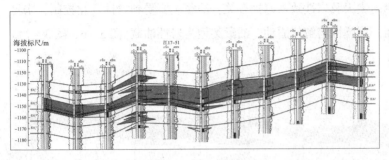

图 3-3 耿 73 区岩性油藏横剖面示意图

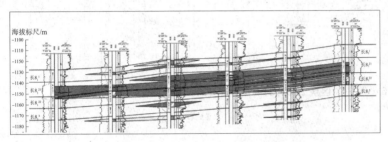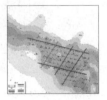

图 3-4 耿 73 区岩性油藏纵剖面示意图

二、罗 228 区长 8_1 油藏为岩性油藏

罗 228 区长 8_1 油层组含油范围主要受岩性控制，形成了较为典型的岩性油藏。西北部地区受小型断层控制，形成构造 - 岩性油藏。从江 293 - 5 井～江 298 - 10 井油藏剖面图上看，在江 293 - 5 井和江 296 - 8 井在长 8_1^1 层差油层和油层沿上倾方向岩性尖灭，反映了典型的岩性油藏特征（图 3 - 5）。

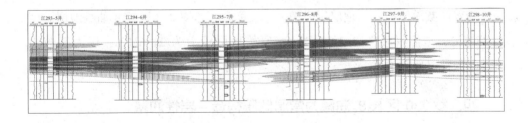

图 3-5 罗 228 区岩性油藏示意图

三、罗 247 区长 8_1 油藏为常温低压岩性油藏

罗 247 区长 8_1 油藏未见构造圈闭，受三角洲前缘水下分流河道砂体控制，圈

闭成因与砂岩的侧向尖灭及岩性致密遮挡有关，油藏主要受到岩性变化控制，未见边底水及油水界面，属弹性溶解气驱动，油藏类型为岩性油藏(图3-6、图3-7)。

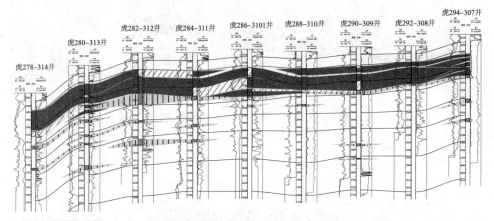

图3-6 罗247区虎278-314井~虎294-307井长8油藏剖面

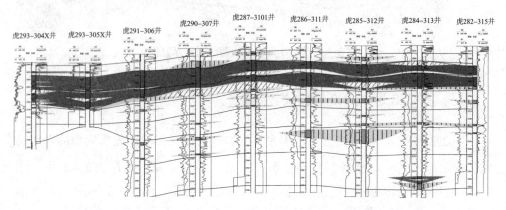

图3-7 罗247区虎293-304X井~虎282-315井长8油藏剖面

随着油藏深度增加，地层压力增大，温度升高，罗247区长8油藏地层温度为85.6℃，地温梯度为3.3℃/100m，原始地层压力为21.6MPa，压力系数为0.70，为常温低压油藏。

四、罗330区长8_2油藏为常温低压构造-岩性油藏

从长8_2油藏顶面构造图看，区域构造形态为一个西倾平缓单斜，地层倾角约1°，局部构造为在西倾单斜背景上发育鞍状构造，南北边部发育北东东向走滑断层。主力层长8_2^3小层最高点为-1264.0m，最低点为-1285.0m，构造高差21.0m(图3-8~图3-10)，这些构造对长8_2油藏有一定的控制作用，同时油藏

分布主要受沉积相带和储层物性控制，断层与裂缝为油气的运移提供了重要通道。油藏西部底部位边底水发布，高部位油层，上倾方向高部位为受岩性或物性变化遮挡。油藏类型为构造－岩性油藏。

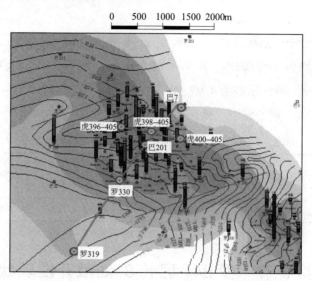

图3－8　罗330区长8₂油藏构造等值线

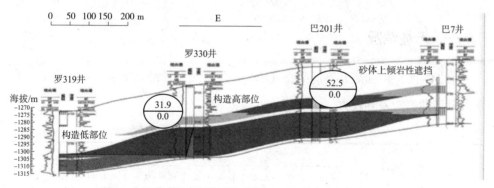

图3－9　罗330长区罗319井－巴7井长8₂油藏剖面图

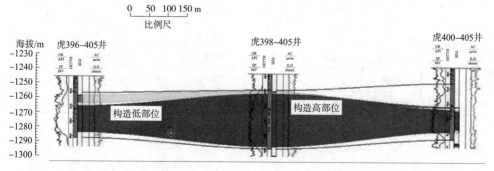

图3－10　罗330区虎396－405井－虎400－405井长8₂油藏剖面图

通过精细测井解释，利用构造研究成果，试油及生产数据综合分析油水关系和分布，得出罗330区长8₂油藏为低饱和度油藏，油水过渡带较宽，约19m，而构造幅度21m左右，该区基本都是油水同层，构造高部位顶部有较薄的油层。

高压物性分析结果表明，延长组长8₂油层原始地层压力为11.10~17.59MPa，平均为14.70MPa，压力系数为0.60，饱和压力为6.11~9.11MPa，平均为7.44MPa，地饱压差为4.99~8.47MPa，油层温度为81.3~83.1℃，地温梯度3.2℃/100m；属于常温、低压系统，未饱和油藏（表3-1）。

表3-1 环江地区新增控制储量区块油藏特征参数表

层位	油藏类型	驱动类型	样品数	埋藏深度/m	原始地层压力/MPa	饱和压力/MPa	饱和程度	地层温度/℃
长8₂	岩性	弹性	3	2678	14.70	7.44	未饱和	82.0

第3节 罗247区长8₁油藏开发现状

一、产能情况

罗247区长8₁油藏及不同类型井单井产能分级统计结果见表3-2、图3-11，单井日产油产能差异较大。

表3-2 罗247区长8₁油藏油井产能分级统计数据

项目		日产油量/t					
		<0.2	0.2~0.4	0.4~0.6	0.6~0.8	0.8~1.0	>1.0
全区	井数	19	11	14	7	5	16
	频率/%	26.4	15.3	19.4	9.7	6.9	22.2
定向井	井数	12	11	11	7	4	10
	频率/%	21.8	20.0	20.0	12.7	7.3	18.2
大斜度井	井数	7	0	3	0	1	6
	频率/%	41.2	0.0	17.6	0.0	5.9	35.3

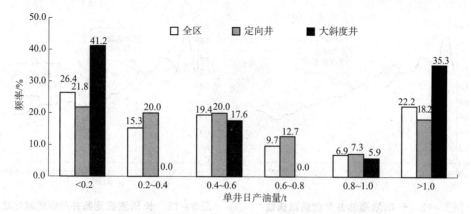

图 3-11 罗 247 区长 8_1 油藏油井产能分级图

截至 2021 年 3 月底，罗 247 区长 8_1 油藏总生产井开井数 72 口，分布不均匀，单井日产油低于 0.2t 的井 19 口，占比 26.4%；日产量大于 1.0t 的井数 16 口，占比 22.2%；日产量 0.4~0.6t 的井数 14 口，占比 19.4%。

罗 247 区目前有两种井型：定向井和大斜度井。其中，定向井油井开井数 55 口，单井日产油低于 0.2t 的油井 12 口，占比 21.8%；日产油为 0.4~0.6t 和 0.2~0.4t 的油井数量相当，均为 11 口，占比 20.0%；日产量大于 1.0t 的井 10 口，占比 18.2%；日产量介于 0.6~0.8t 的井 7 口，占比 12.7%。大斜度井开井 17 口，单井日产油低于 0.2t 的油井占比 41.2%；日产油大于 1.0t 的井占比 35.3%；日产油为 0.4~0.6t 的井占 17.6%。

罗 247 区长 8_1 油藏虽然储层物性较差，但初期采用超前注水开发，油井初期产能较高，2018 年投产的 48 口油井中，平均单井日产油大于 1.0t 的井为 21 口，占比达 43.8%。

但从 2019 年、2020 年产能分布看，油井产能下降较快，尤其是已开发区域的北部和南部。截至 2021 年 3 月底，油井开井总井数 72 口，平均单井日产油大于 1.0t 的井仅 16 口，占比仅为 22.2%。

罗 247 区油井产能总体符合指数递减规律（图 3-12），月平均递减率 3.0%。其中，定向井初期符合指数递减，月平均递减率 4.4%，目前月平均递减 3.4%（图 3-13）；大斜度油井产能虽然初期产能高，但递减快，符合指数递减，月平均递减率 11.9%，目前受投产新井的影响，平均单井产能有所回升（图 3-14）。

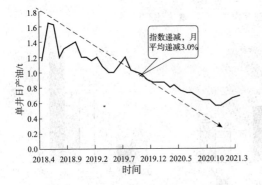

图 3-12 长 8$_1$ 油藏油井产能递减曲线 　　　图 3-13 长 8$_1$ 油藏定向井产能递减曲线

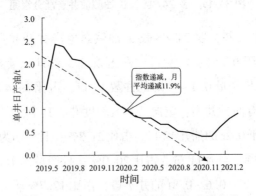

图 3-14 长 8$_1$ 油藏大斜度井产能递减曲线

二、含水率情况

统计油井开井数据(表 3-3)可以看出,罗 247 区油井含水率主要为 20% ~ 40%,该区间的井为 39 口,占总开井数的 54.2%;其次为 80% ~ 100%,该区间井 16 口,占总开井数的 22.2%。

表 3-3　罗 247 区长 8$_1$ 油藏油井含水分级统计数据(2021.3)

项目		含水率/%				
		0 ~ 20	20 ~ 40	40 ~ 60	60 ~ 80	80 ~ 100
全区	井数	4	39	0	13	16
	频率/%	5.6	54.2	0.0	18.1	22.2
定向井	井数	4	32	0	10	9
	频率/%	7.3	58.2	0.0	18.2	16.4
大斜度井	井数	0	7	0	3	7
	频率/%	0.0	41.2	0.0	17.6	41.2

其中,定向井含水率主要也分布在 20% ~ 40%,该区间的井数 32 口,占总开

井数的 58.2%；其次为 60% ~ 80%，该区间井 10 口，占定向井总开井数的 18.2%。大斜度井含水率主要分布在 20% ~ 40% 和 80% ~ 100%，该区间井为 7 口，占大斜度井总开井数的 41.2%；其次为 60% ~ 80%，该区间的井为 3 口，占大斜度井总开井数的 17.6%（图 3 − 15）。

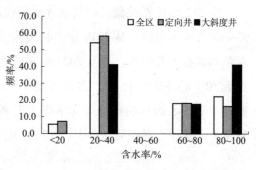

图 3 − 15　罗 247 区长 8₁ 油藏油井含水分布直方图

从 2021 年 3 月的含水率等值平面图（图 3 − 16）也可以看出，罗 247 区长 8₁ 油藏含水率分布不均，高含水井主要集中在开发区域的西部、南部及东部的大斜度井开发区域。

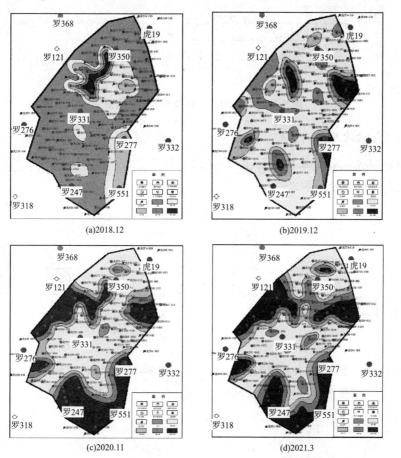

(a)2018.12　　　　　　　　(b)2019.12

(c)2020.11　　　　　　　　(d)2021.3

图 3 − 16　罗 247 区长 8₁ 油藏近 4 年含水等值平面图

罗247区长8_1油藏投产初期含水率较低，仅在虎280-314井-虎286-3101井一带含水率较高。从2019年、2020年含水分布看，已开发区域的西部、南部及东部含水上升较快。截至2021年3月底，油井开井总井数72口，平均含水率大于80%的井达到16口，占比22.2%。

罗247区长8_1油藏油井含水率上升较快，仅开发两年多，已上升至目前的58.4%，受注水影响明显(图3-17)。

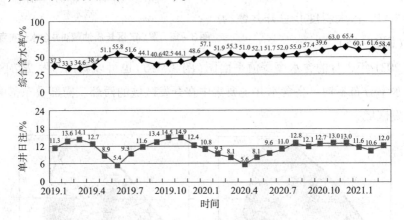

图3-17　罗247区油井含水率变化曲线

近3年含水率上升速度由每年-4.6%上升至每年15%(图3-18)，含水上升率由-14.4%上升至31.3%(图3-19)。含水率上升快是目前罗247区长8_1油藏开发存在的主要问题之一。

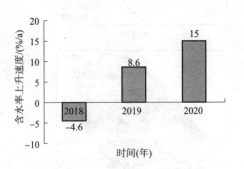

图3-18　罗247区油井含水上升
速度变化直方图

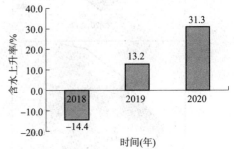

图3-19　罗247区油井含水上升率
变化直方图

三、能量保持状况

罗247区长8_1油藏近两年油井测压井数少，无法代表地层压力保持水平，因此，用动液面高度侧面反映地层能量保持水平。

已开发区域初期北部地层能量保持水平较高，近两年北部和中部压力保持水平有所下降，西南部压力保持水平有所上升。

第4节 罗247区长8₁油藏水驱效果评价

油藏注水开发效果评价始终贯穿于油田注水开发的全过程。注水开发效果评价的目的在于找出影响开发效果的因素，分析存在问题，明确油田潜力，研究挖潜技术，制定配套措施，开展综合调整，改善开发效果。

一、水驱储量控制程度

水驱储量控制程度指在现有注采井网条件下的人工水驱控制地质储量与动用地质储量之比，用百分数表示。

罗247区已开发区域开采层位单一，主要集中在长8₁油藏，局部开采长8₂油藏。对长8₁油藏来说，水驱储量控制程度较高，接近100%。

二、水驱储量动用程度

水驱储量动用程度为采油井中产液厚度与注水井中吸水厚度占射开总厚度之比，用百分数表示。

罗247区已开发区域注水井吸水剖面测试仅1口，为虎274 – 319井，无法使用吸水剖面计算水驱储量动用程度。因此，使用水驱曲线法进行计算。经计算可知，长8₁油藏已开发区域地质储量277.65 × 10⁴t，水驱储量动用程度为33.93%，水驱储量动用程度低。

三、水驱特征

罗247区长8₁油藏水驱特征曲线如图3 – 20所示。相比之前，罗247区长8₁油藏水驱特征曲线斜率有所下降，即2020年水驱效果有所改善。经预测，按目前开发方式，含水率为98%时的累计采油量为42.55 × 10⁴t，预测采收率为15.32%。

定向井和大斜度井水驱特征对比曲线见图3 – 21，对比定向井和大斜度井的水驱特征，大斜度井水驱特征曲线斜率明显大于定向井，即大斜度井的水驱效果明显要比定向井要差，见水更快，导致大斜度井的产能递减明显较快。

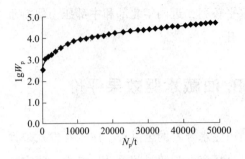
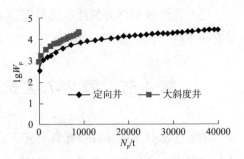

图 3 – 20　长 8$_1$ 油藏水驱特征曲线　　　图 3 – 21　长 8$_1$ 油藏定向井和
大斜度井水驱特征曲线

四、阶段存水率变化

存水率是评价注水开发油田注水状况及注水效果的一个重要指标。存水率表明注水存留在地层中的比率。罗 247 区长 8$_1$ 油藏阶段存水率随时间变化关系见图 3 – 22。罗 247 区长 8$_1$ 油藏阶段存水率整体呈下降趋势，目前存水率为 81.8%。

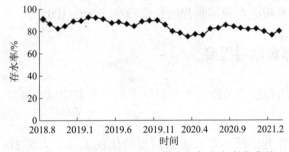

图 3 – 22　罗 247 区长 8$_1$ 油藏阶段存水率变化曲线

罗 247 区长 8$_1$ 油藏目前含水率为 58.4%，阶段存水率为 80.3%，理论注采比为 2.5 左右，但目前实际注采比为 2.96，即实际注采比大于理论注采比，说明目前注水效率偏低，需提高注水效率。

五、水驱指数变化

罗 247 区长 8$_1$ 油藏在目前的开发方式下，油藏的水驱指数总体呈上升趋势，即采出同样油量所需的存水量逐渐增大，目前水驱指数为 7.94m^3/t，水驱效果有变差的趋势（图 3 – 23）。2021 年，水驱指数受新井投产影响，水驱指数有所下降。

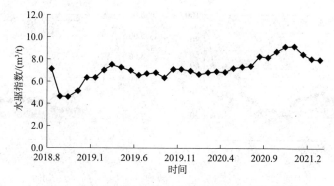

图 3-23 罗 247 区长 8₁ 油藏水驱指数变化曲线

六、含水率与采出程度的关系

罗 247 区长 8₁ 油藏目前含水率为 58.4%，采出程度为 2.0%。含水率与采出程度关系曲线显示，在目前的开发方式下，含水与采出程度关系曲线逐渐接近 ER = 15%，即预测在目前开发方式下，油藏的水驱采收率在 15% 左右(图 3-24)。

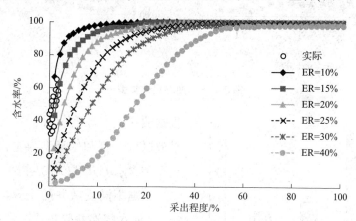

图 3-24 罗 247 区长 8₁ 油藏含水与采出程度关系曲线

第 5 节   罗 247 区长 8₁ 油藏油井见效见水状况

一、油井见效状况

油井见效分以下 4 种类型(图 3-25)：①增产型，液量上升、含水率稳定；②稳产型，液量增幅不大、含水率略有下降；③含水上升型，液量上升、含水率缓慢上升；④水淹型，液量高、含水率上升快或投产见水。

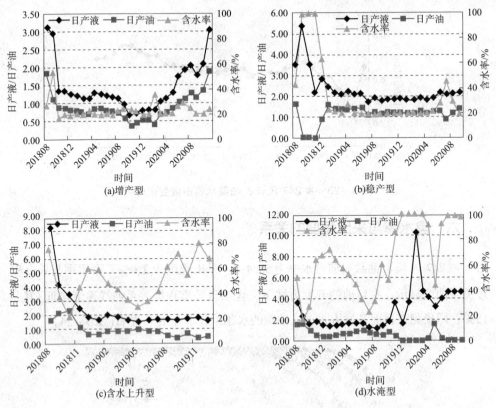

(a)增产型　　　　(b)稳产型

(c)含水上升型　　　　(d)水淹型

图3-25　油井见效类型

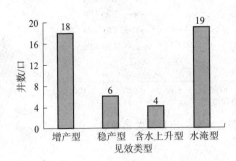

图3-26　罗247区油井见效类型
分布直方图

根据油井生产动态统计，罗247区油井见效以增产型和水淹型为主，其次为稳产型和含水上升型(图3-26)。

根据不同受效井的受效特征，对罗247区注水区油井受效情况进行了统计，统计结果见表3-4。可以看出，罗247区长8_1油藏目前注水控制油井开井数68口，主向井24口，见效比例58.3%，侧向井44口，见效比例75.0%，主向井见效比例低于侧向井。整体见效比例为69.1%，见效比例较低。

表 3 - 4　罗 247 区油井见效统计表

井类型	见效井数/口				不见效井数/口	总井数/口	见效比例/%
	增产型	稳产型	含水上升型	水淹型			
主向井	5	1	2	6	10	24	58.3
侧向井	13	5	2	13	11	44	75.0
总计	18	6	4	19	21	68	69.1

见效井平面分布见图 3 - 27。增产型主要分布在定向井开发区域，且分布在渗透率较高的区域；稳产型和含水上升型主要分布在已开发区域的南部，渗透率较高（图 3 - 28）；水淹型主要分布在大斜度井开发区域。

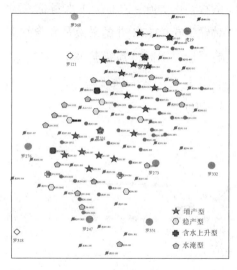

图 3 - 27　罗 247 区油井见效井平面分布图

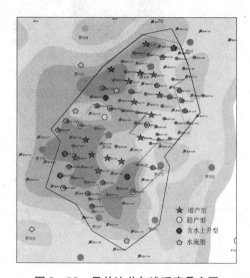

图 3 - 28　见效油井与渗透率叠合图

二、油井见水状况

油井见水类型主要通过油井产出水的含盐量变化及含水的变化进行判断。罗 247 区长 8_1 油藏地层水水型为 $CaCl_2$ 型，矿化度在 28.4g/L。若油井产出水含盐量明显下降及油井含水明显上升，则判断产出水为注入水。

以虎 281 - 314 井为例，该井 2018 年 10 月投产，2019 年 4 月之前，油井产出水低于 18g/L，主要为压裂液返排水，返排水排尽后，矿化度上升至 30g/L 左右，2019 年 12 月含水快速上升，含盐量也明显下降，目前在 18g/L 左右，判断产出水为注入水。

罗 247 区长 8_1 油藏油井见水类型统计结果见图 3 - 29，可以看出，见水井以

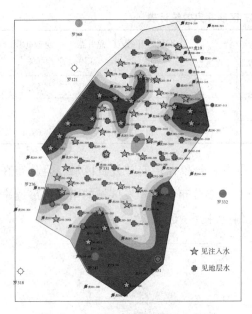

图 3 –29 罗 247 区油井见水类型平面分布图

见注入水(40 口井)为主, 28 口井见地层水。

由于该区缺乏示踪剂监测和水驱前缘监测资料, 主要通过注采井的动态对应关系来判断见水方向。

以虎 286 – 312X 井为例, 该井对应注水井有 4 口: 虎 284 – 313 井、虎 286 – 311 井、虎 286 – 313 井、虎 288 – 311 井。从注采动态的对应关系看, 虎 286 – 313 井注水量的变化对虎 286 – 312X 井的采液量和含水影响明显, 因此, 判断虎 286 – 312X 井的出水主要来自虎 286 – 313 井(图 3 –30)。

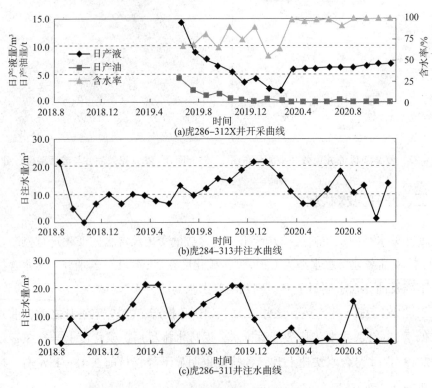

图 3 –30 虎 286 –312X 井及对应注水井注采曲线

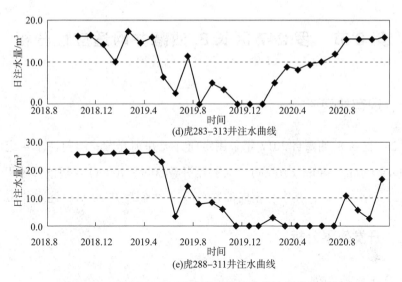

(d)虎283-313井注水曲线

(e)虎288-311井注水曲线

图3-30 虎286-312X井及对应注水井注采曲线(续)

根据以上动态对应关系分析法,判断罗247区长8₁油藏油井的见水方向,判断结果见图3-31。

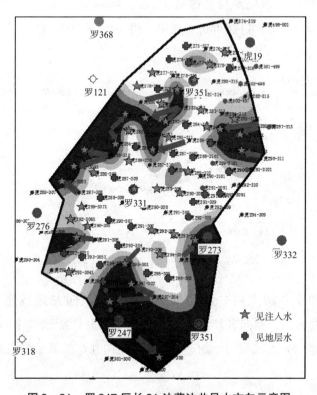

图3-31 罗247区长81油藏油井见水方向示意图

第6节　罗247区长8₁油藏井网适应性分析

一、现有井网形式

罗247区长8_1油藏自2017年采用定向井无井别开发、超前注水＋定向井开发（480m×150m、480m×100m）、大斜度井（400m×100m）＋超前注水开发等4个阶段，完钻108口，其中，定向油井56口，大斜度井20口，注水井32口。

二、开发效果分析

1. 产能分析

大斜度井初期产能较高，但投产后产能递减快，符合指数递减，月平均递减率达到11.9%，目前平均单井产能低，平均单井日产油仅为0.32t；480m×100m井网产能递减次之，前期平均月递减5.2%；480m×150m井网产能递减最低，前期平均月递减4.8%。目前480m×150m和480m×100m两种井网单井产能相差不大，但明显要高于大斜度井网（图3-32）。

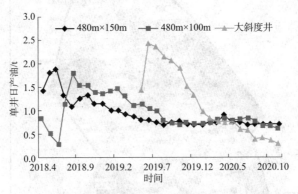

图3-32　罗247区不同井网类型油井产能变化图

480m×150m井网主向井产能低于侧向井，主向井递减率大于侧向井；480m×100m井网主、侧向井产能差别不大，主向井产能递减率略高于侧向井；大斜度井网主侧向井递减相当，均递减较快，主向井产能低于侧向井（图3-33～图3-35）。

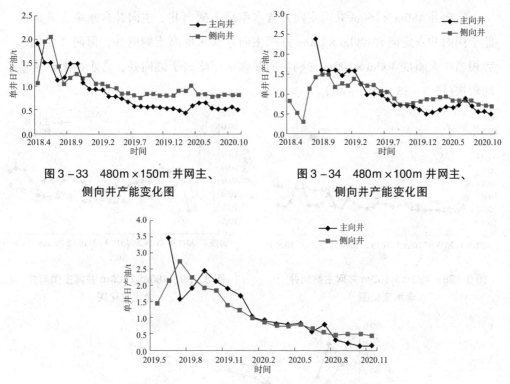

图 3 –33　480m×150m 井网主、
侧向井产能变化图

图 3 –34　480m×100m 井网主、
侧向井产能变化图

图 3 –35　大斜度井网主、侧向井产能变化图

2. 含水分析

大斜度井 400m×100m 含水率上升速度较快，目前平均含水率达到 75.2%；480m×150m 井网含水率由初期的 20.6% 上升至目前的 33.2%；480m×100m 井网含水率相对稳定，保持在 40% 左右。480m×150m 和 480m×100m 两种井网含水率差别不大，但远远低于大斜度井网。480m×150m 和 480m×100m 两种井网油井含水率主要集中在 20% ~40%，而大斜度井网主要集中在 80% ~100%（图 3 –36、图 3 –37）。

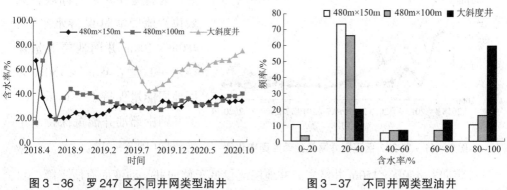

图 3 –36　罗 247 区不同井网类型油井
含水变化图

图 3 –37　不同井网类型油井
含水分级图(2020. 11)

定向井 480m×150m 井网主向井含水率高于侧向井，主向井含水率上升速度低于侧向井；定向井 480m×100m 井网主向井含水率高于侧向井，但两者变化趋势相当；大斜度 400m×100m 井网主向井含水率略高于侧向井，含水率上升速度均较快（图 3-38~图 3-40）。

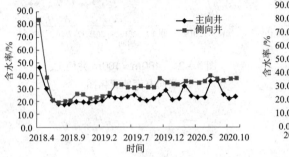

图 3-38　480m×150m 井网主侧向井含水变化图

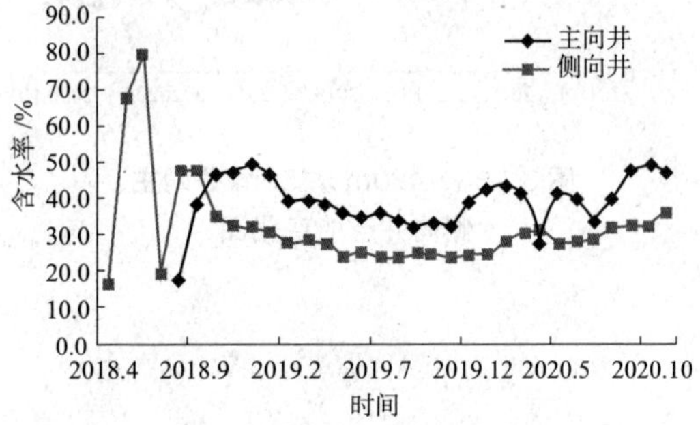

图 3-39　480m×100m 井网主侧向井含水变化图

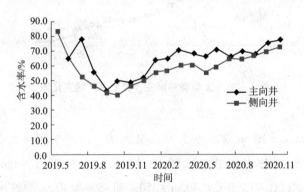

图 3-40　大斜度 400m×100m 井网主侧向井含水变化图

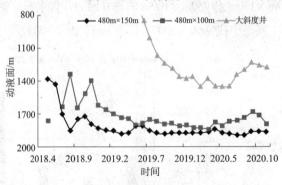

图 3-41　罗 247 区不同井网类型动液面变化图

3. 地层压力保持水平

大斜度井开发时间段，见效快，地层能量保持水平高；480m×100m 井网地层能量保持水平次之；480m×150m 井网地层能量保持水平最低。两种井网中部油井能量保持水平均较低（图 3-41）。

定向井 480m×150m 井网主向井地层能量低于侧向井，动液面有所下降，目前基本保持稳定；480m×100m 井网主向井地层能量高于侧向井，目前均有所上升；大斜度400m×100m井网主向井地层能量明显高于侧向井，且差异越来越大（图3-42～图3-44）。

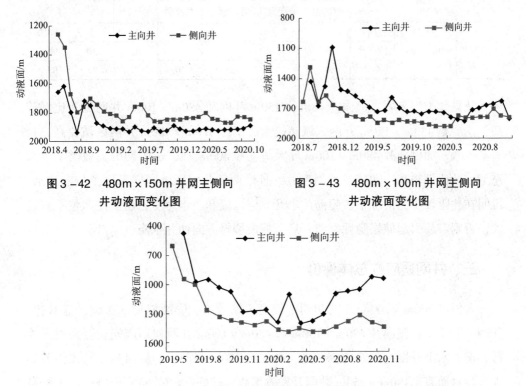

图3-42　480m×150m井网主侧向井动液面变化图

图3-43　480m×100m井网主侧向井动液面变化图

图3-44　大斜度井网主侧向井动液面变化图

4. 见效状况

定向井480m×150m和480m×100m两种井网见效比例相差不大，但480m×150m井网主、侧向井见效比例相差大，分别为33.3%和84.6%；大斜度井井网油井见效比例高，为86.7%，侧向井见效比例高于主向井，分别为90%和80%（表3-5）。

表3-5　罗247区不同井网主、侧向井见效统计表

| 井型 | 井网 | 井类型 | 见效井数/口 | | | | 不见效井数/口 | 总井数/口 | 见效比例/% |
			增产型	稳产型	含水上升型	水淹型			
定向井	480m×150m	主向井	2	0	0	0	4	6	33.3
		侧向井	5	3	1	2	2	13	84.6
		小计	7	3	1	2	6	19	68.4
	480m×100m	主向井	3	1	0	3	4	11	63.6
		侧向井	8	1	1	3	6	19	68.4
		小计	11	2	1	6	10	30	66.7

井型	井网	井类型	见效井数/口				不见效井数/口	总井数/口	见效比例/%
			增产型	稳产型	含水上升型	水淹型			
大斜度井	400m×100m	主向井	0	0	1	3	1	5	80.0
		侧向井	0	1	1	7	1	10	90.0
		小计	0	1	2	10	2	15	86.7

从见效类型来看，侧向井 480m×150m 井网和 480m×100m 井网见效比例较高，主要是 480m×150m 井网区域储层渗透率比 480m×100m 井网区域要高，相对易受效。而侧向井 480m×100m 和大斜度井 400m×100m 井网的见效类型中水淹型见效比例较高，尤其是大斜度井，且这两种井网区域同样采用了超前注水，说明在井距较小的情况下，超前注水开发应以温和注水为主，超前注水量不宜过大，否则容易引起储层隐性裂缝开启，造成裂缝方向油井水淹。

三、井网适应性总体评价

大斜度 400m×100m 井网初期产能高，见效快，受裂缝见水影响，递减快，井网适应性差；侧向井 480m×150m 和 480m×100m 井网初期产能相对大斜度井低，但含水上升慢，见效比例偏低，480m×150m 井网主、侧向井见效比例差异大，相对而言，480m×150m 井网开发效果相对较好(表 3-6)。但该区长 8₁ 油藏整体开发效果不理想。

表 3-6　罗 247 区不同井网类型开发效果对比表

井型	井排距	主、侧向井	单井产能/(t/d)		月产能递减率/%	含水率/%		动液面/m		见效比例/%
			初期	目前		初期	目前	初期	目前	
定向井	480m×150m	主向井	1.5	0.52	5.6	19.7	23.6	1803	1890	33.3
		侧向井	2.05	0.82	5.2	21	37.7	1668	1848	84.6
	480m×100m	主向井	1.60	0.49	8.2	46.7	47.5	1663	1798	63.6
		侧向井	1.48	0.70	4.8	47.2	36.2	1622	1787	68.4
大斜度	400m×100m	主向井	3.45	0.13	17.4	55.9	78.2	976	942	80.0
		侧向井	2.14	0.42	11.8	52.9	73.7	993	1435	90.0

第4章 油井低产影响因素和增产措施

罗247区目前油井总开井72口，其中，31口井产量低于0.4t/d，称为低产井。这部分低产井归为两类：第一类是低液量、低含水低产井，该类井初期液量本身较低或不低，含水率较低，但目前产液量低，含水率基本保持稳定或略有上升，该类井数有11口。初步分析低产原因：①初期产液量较低者，目前液量仍然较低，主要是由于储层本身渗透性较差；②初期产液量不低者，但目前液量很低，主要是由于油井未见效或见效程度低，地层能量不足或油井附近堵塞。第二类井是高含水(含水率大于60%)低产井，该类井又分为两种情况：①初期即高含水，目前高含水，低产原因可能是储层含油性较差或裂缝性见水；②初期含水不高，但目前高含水，低产原因主要是注水受效，导致油井高含水。

第1节 油井低产影响因素

油井低产受多种因素影响：含油性、渗透性、水驱特征、启动压力梯度、超前注水量、投产后注水量、欠注井、改造规模等。

一、含油性影响

含油性主要影响油井含水率。对比高含水低产井和高产井，低产井含油性普遍比高产井要低。高产井射孔段油层平均含油饱和度为57.66%，但低产井射孔段油层平均含油饱和度也达到54.16%，含油性不是导致该区油井低产的主要因素。

罗247区油井主力生产层位长 8_1 层，主力生产小层为长 8_1^{2-1} 小层、长 8_1^{2-2} 小层。低产井射孔层段含油性并不差，即使是边部的大斜度井含油性也不是很差（图 4 – 1、图 4 – 2）。即含油性在该区并不是产能低的主要影响因素。

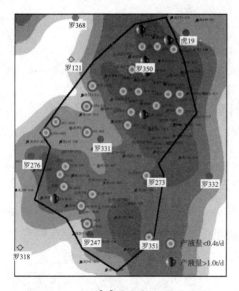

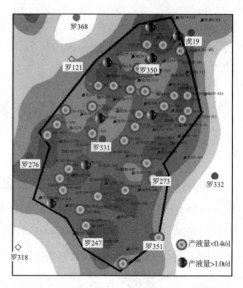

图 4-1　长 8_1^{2-2} 含油饱和度分布图　　　图 4-2　长 8_1^{2-1} 含油饱和度分布图

二、渗透率的影响

对比低液量低产井和高产井，低产井测井解释渗透率普遍比高产井要低。两者初期产液量相差不大，但低液量低产井目前产液量普遍较低，含水率不高，这主要是由于渗透率低，压力传导速度慢，油井不易受效，导致产量低，即渗透率差是导致低液量低含水井低产的一个重要影响因素。

东北部尤其明显，渗透率整体较低，是低产井主要的分布区域，个别井虽然渗透率低，但受含油性影响，产能较高，如虎 281-314 井、虎 288-3101 井；而东南部边部的大斜度井，射孔段小层渗透率较高，但受含水率快速上升影响，产能较低。

三、水驱特征的影响

1. 相渗特征

罗 247 区及邻区同类油藏相渗特征数据表见表 4-1。可以看出，相比于其他地区的类似油藏，罗 247 区长 8_1 油藏束缚水饱和度、残余油时水相相对渗透率较高，随含水饱和度增加，产水率上升快，两相共渗区较窄。

表4-1 不同地区长8₁油藏相渗特征参数表

区块	层位	束缚水时		交点处		残余油时		油水共渗区含水饱和度/%
		含水饱和度/%	油相对有效渗透率	含水饱和度/%	油水相对渗透率	含水饱和度/%	水相对渗透率	
罗247	长8₁	39.27	0.03	54.53	0.19	69.27	0.69	30.00
马岭	长8₁	38.26	0.03	52.39	0.12	82.86	0.35	44.60
西峰	长8₁	28.45	0.2	40.77	0.14	63.67	0.78	35.22
姬塬	长8₁	34.64	0.03	54.32	0.13	62.83	0.31	28.19

2. 水驱油特征

罗247区及邻区同类油藏相渗特征数据表见表4-2。可以看出，相比其他地区类似油藏，罗247区长8₁油藏无水驱油效率较高，但最终驱油效率偏低，不足40%。

表4-2 不同地区长8₁油藏水驱油特征参数表

区块	层位	无水期驱油效率/%	含水率为95%时		含水率为98%时		最终期	
			驱油效率/%	注入倍数	驱油效率/%	注入倍数	驱油效率/%	注入倍数
罗247	长8₁	26.3	37.64	1.24	38.46	3.77	39.64	7.84
马岭	长8₁	12.33	31.88	0.62	35.27	1.32	37.57	9.53
西峰	长8₁	19.54	33.96	1.2	38.14	2.78	44.49	17.63
姬塬	长8₁	27.6	46.9	1.35	53.8	3.6	68.3	21.62

3. 可动及束缚流体特征

测试岩样渗透率为 $0.012 \times 10^{-3} \sim 0.389 \times 10^{-3} \, \mu m^2$，孔隙度为4.74% ~9.41%。测试束缚水饱和度为53.84% ~67.41%，平均为60.05%，可动流体饱和度为32.59% ~46.16%，平均为39.95%。喉道的细小决定了罗247区长8₁油藏具有较高的束缚水饱和度和较低的可动流体饱和度。从目前长8₁油藏水驱效果来看，水驱采收率也仅在15%左右。

四、启动压力梯度的影响

由于低渗-特低渗油藏渗透率低，存在一定的启动压力梯度，当井间最低压力梯度低于启动压力梯度时，井间的原油无法完全动用。

通过室内实验测试，对罗 247 区长 8₁ 油藏不同渗透率岩心的启动压力梯度进行了测试，测试结果见表 4 - 3 和图 4 - 3。从测试结果可以看出，测试岩样渗透率为 $0.041 \times 10^{-3} \sim 0.387 \times 10^{-3} \mu m^2$，测试启动压力梯度为 $0.017 \sim 0.976 MPa/m$，启动压力梯度与渗透率呈较好的幂函数关系，随着渗透率的增大，启动压力梯度呈减小趋势；反之，随渗透率减小，启动压力梯度呈增大趋势，而且渗透率越低，启动压力梯度增加趋势越明显。

表 4 - 3　罗 247 区长 8₁ 油藏启动压力梯度测试结果

井号	深度/m	序号	孔隙度/%	渗透率/$10^{-3}\mu m^2$	启动压力梯度/（MPa/m）
罗 273	2623.8 ~ 2627.1	1	5.38	0.159	0.221
		2	2.81	0.075	0.299
		3	3.30	0.088	0.285
罗 276	2717.4 ~ 2725.6	4	6.54	0.215	0.107
		5	7.73	0.236	0.118
		6	4.19	0.089	0.398
罗 350	2692.9 ~ 2704.8	7	4.66	0.117	0.249
		8	3.72	0.090	0.285
		9	4.51	0.143	0.200
罗 331	2710.0 ~ 2714.4	10	9.75	0.387	0.019
		11	3.42	0.041	0.976
罗 247	2674.9 ~ 2689.0	12	6.61	0.325	0.074
		13	3.68	0.115	0.198
		14	8.09	0.260	0.067
		15	8.23	0.377	0.058
罗 322	2714.5 ~ 2717.4	16	3.24	0.063	0.488

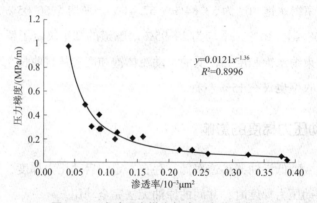

图 4 - 3　启动压力梯度与渗透率关系曲线

受启动压力梯度影响，在罗247区长8_1油藏平均渗透率(岩心测试)为$0.28 \times 10^{-3} \mu m^2$时，100m井距油井可以受效，150m井距偏大导致油井受效难。从见效井比例(表4-4)也可以看出，480m×150m井网下，主向井见效比例仅为33.3%，480m×100m井网部分渗透率明显较差，见效比例也偏低(为63.6%)。因此，渗透率低，启动压力梯度大，导致油井难以受效，这也是低产的又一重要原因。

表4-4 罗247区不同井网类型开发效果对比表

井型	井排距	主侧向井	单井产能/(t/d)		含水率/%		动液面/m		见效比例/%
			初期	目前	初期	目前	初期	目前	
定向井	480m×150m	主向井	1.5	0.52	19.7	23.6	1803	1890	33.3
		侧向井	2.05	0.82	21	37.7	1668	1848	84.6
	480m×100m	主向井	1.6	0.49	46.7	47.5	1663	1798	63.6
		侧向井	1.48	0.70	47.2	36.2	1622	1787	68.4
大斜度	400m×100m	主向井	3.45	0.13	55.9	78.2	976	942	80.0
		侧向井	2.14	0.42	52.9	73.7	993	1435	90.0

五、超前注水量的影响

从该区裂缝性见水井分布情况看，主要为大斜度井超前注水井网区和定向井超前注水井网区，说明超前注水对裂缝性见水有一定影响，对罗247区未见水井和正常见水井对应注水井的超前注水量(表4-5)，以及裂缝性见水井对应见水方向注水井的超前注水量(表4-6)进行了统计分析。

表4-5 罗247区未见水井或正常见水井对应注水井超前注水量统计表

序号	油井	投产日期	初期			目前			对应注水井	投注日期	超前注水量/m³
			日产液/m³	日产油/t	含水率/%	日产液/m³	日产油/t	含水率/%			
1	虎285-313X井	201905	5.55	2.97	34.7	1.90	0.50	67.9	虎284-313井	201808	2149
									虎282-315井	201811	2230
									虎286-313井	201810	2635
2	虎292-305X井	201907	4.11	2.15	36.1	1.59	0.44	66.0	虎292-304井	201812	2433
3	虎293-304X井	201907	4.77	1.86	52.3	2.26	1.45	21.5	虎292-304井	201812	2433
									虎294-304井	201812	1964
4	虎293-305X井	201906	4.00	2.38	27.4	0.34	0.21	24.8	虎292-304井	201812	2433
	平均		4.61	2.34	37.63	1.52	0.65	45.1			2325

表 4 –6 罗 247 区裂缝性见水大斜度井对应注水井超前注水量统计表

序号	油井	投产日期	初期			目前			对应注水井	投注日期	超前注水量/m³	备注
			日产液/m³	日产油/t	含水率/%	日产液/m³	日产油/t	含水率/%				
1	虎 286 – 308X 井	201906	9.89	5.26	35.1	1.39	0.01	99.4	虎 287 – 308 井	201808	3595	见水方向
2	虎 286 – 312X 井	201906	9.52	2.35	69.9	7.00	0.00	100.0	虎 286 – 313 井	201810	3292	见水方向
3	虎 287 – 312X 井	201905	9.00	2.76	62.5	6.75	0.21	96.2	虎 286 – 313 井	201810	3103	见水方向
4	虎 289 – 311X 井	201905	9.34	1.81	76.3	9.71	0.07	99.1	虎 290 – 311 井	201810	4036	见水方向
5	虎 290 – 306X 井	201907	7.37	4.19	30.7	3.14	0.00	100.0	虎 291 – 306 井	201808	4144	见水方向
6	虎 296 – 303X 井	202001	14.42	0.00	100.0	6.42	0.00	100.0	虎 297 – 304 井	201808	6388	见水方向
	平均		9.92	2.73	62.4	5.74	0.05	99.1			4093	

对比表 4 – 5 和表 4 – 6 中数据可以发现，对于未见水或正常见水大斜度井，对应注水井超前注水量为 1964 ~ 2635m³，平均为 2325m³，而裂缝性水淹井对应见水方向的注水井超前注水量为 3103 ~ 6388m³，平均为 4093m³，比正常见水井对应注水井超前注水量高 1700m³ 左右。

对大斜度井而言，目前改造强度均较大，改造段数为 3.4 ~ 4.3 段，东部大斜度井的平均入地液量为 1630m³，返排率为 39.7%，西部大斜度井的平均入地液量为 1229m³，返排率为 31.6%。滞留在地层中的液体量较大，起到一定的超前注水作用。根据理论计算，罗 247 区大斜度井的超前注水量应为 3200m³ 左右，减去滞留液体量 850 ~ 1000m³，实际超前注水量应为 2200 ~ 2350m³。所以，裂缝性见水区注水井超前注水量普遍较高，地层压力过大，导致地层中隐性裂缝开启，对应方向油井快速水淹。

六、投产后注水量的影响

480m × 100m 和 480m × 150m 井网和大斜度井网主要采用超前注水方式开

采。从近三年罗247区长8₁油藏已开发区域含水分布与注水量变化看，虎286－3101井～虎280－314井一带可能受注水影响，储层隐性裂缝开启，导致投产即裂缝性见水；而西部、南部和东部的大斜度井区域，受注水影响，含水率上升较快。

虎286－3101井生产层位为长8_1^{2-1}小层、长8_1^{2-2}小层。其中，长8_1^{2-1}小层和长8_1^{2-2}小层下部含油性较差，含油饱和度为45%左右，长8_1^{2-2}小层上部含油性较好，为56.0%。从注采动态对应(图4－4)看，虎286－3101井的高含水主要受虎286－311井影响(图4－5)，即该井低产主要是由于注水影响，同时受生产层含油性差影响。

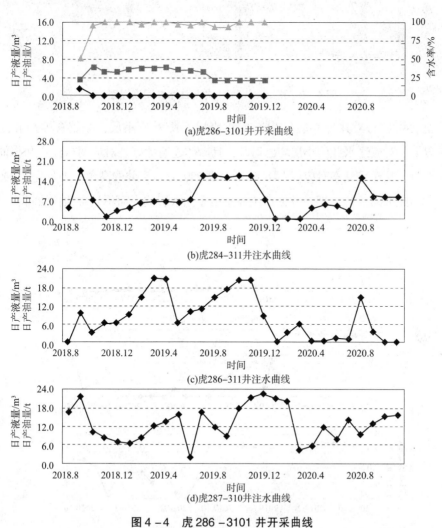

(a)虎286－3101井开采曲线

(b)虎284－311井注水曲线

(c)虎286－311井注水曲线

(d)虎287－310井注水曲线

图4－4　虎286－3101井开采曲线

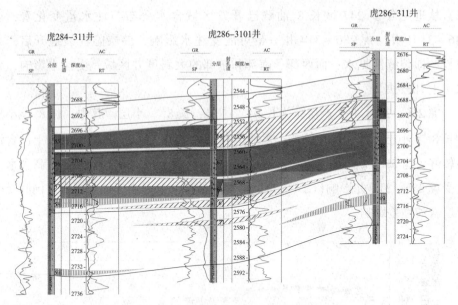

图 4 – 5 虎 286 – 3101 井与注水井间连通图

虎 289 – 311X 井生产层位为长 8_1^{2-1} 小层、长 8_1^{2-2} 小层，原始含油饱和度为 55%以上，对应注水井两小层均已射开，且砂体连通性好。对应两口注水井超前注水 7 个月，从注采动态对应(图 4 – 6)看，虎 289 – 311X 井的高含水主要受虎 290 – 311 井影响(图 4 – 7)，即该井低产主要是由于注水影响，而不是含油性的问题。

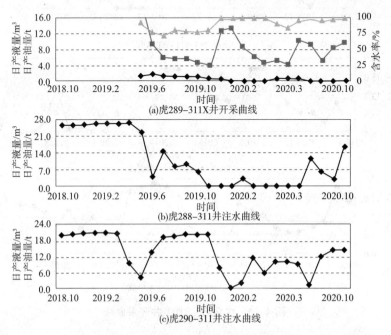

图 4 – 6 虎 289 – 311X 井开采曲线

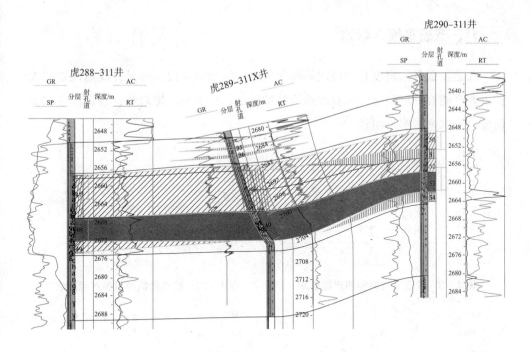

图 4-7 虎 289-311X 井与注水井间连通图

七、欠注井的影响

从罗 247 区长 8_1 油藏注水井注水状况看,有 15 口井欠注,其中,10 口井月欠注量超过 $100m^3$ (图 4-8)。注水井注不进,导致地层压力下降,影响对应油井受效,产量递减快。

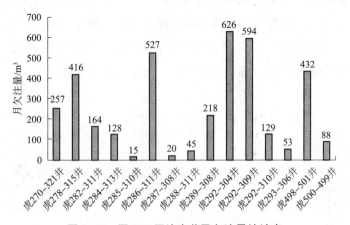

图 4-8 罗 247 区注水井及欠注量统计表

八、改造规模的影响

改造段数对大斜度井产能的影响见图4-9～图4-12。可见，改造段数对大斜度井产能有一定影响，随着改造段数的增加，产能呈增加趋势；改造段数对大斜度井含水率影响不明显。

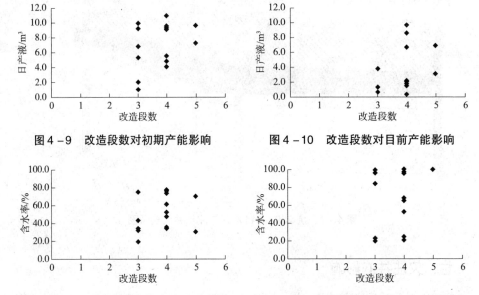

图4-9　改造段数对初期产能影响　　　　图4-10　改造段数对目前产能影响

图4-11　改造段数对初期含水率的影响　　图4-12　改造段数对目前含水率的影响

改造排量对大斜度井产能的影响见图4-13～图4-16。可见，改造排量对大斜度井产能影响不明显；但随排量增大，大斜度井含水率有明显上升趋势。

改造加砂量对大斜度井产能的影响见图4-17～图4-20。可见，大斜度井改造加砂量为105～322m³，加砂量对产能影响明显，随加砂量增大，产能增加；加砂量对含水率影响明显，随加砂量增大，含水率有上升趋势。

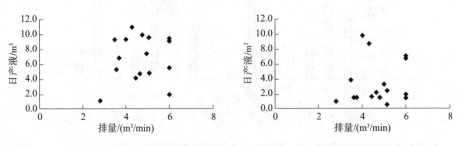

图4-13　改造排量对初期产能影响　　　　图4-14　改造排量对目前产能影响

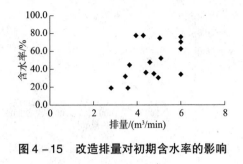

图 4 – 15　改造排量对初期含水率的影响　　图 4 – 16　改造排量对目前含水率的影响

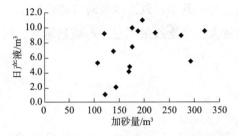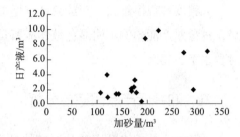

图 4 – 17　加砂量对初期产能影响　　　　图 4 – 18　加砂量对目前产能影响

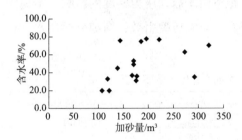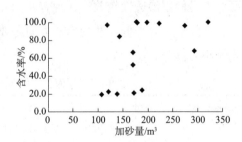

图 4 – 19　加砂量对初期含水率的影响　　图 4 – 20　加砂量对目前含水率的影响

液体滞留量对大斜度井产能的影响见图 4 – 21 ~ 图 4 – 24。可见，大斜度井改造后液体滞留量为 200 ~ 1755m³，液体滞留量对产能影响明显，随滞留量增大，产能增加。液体滞留量对含水率影响明显，随滞留量增大，含水率有上升趋势。

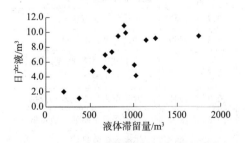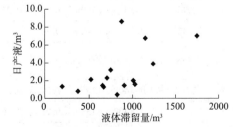

图 4 – 21　液体滞留量对初期产能影响　　图 4 – 22　液体滞留量对目前产能影响

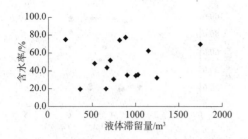 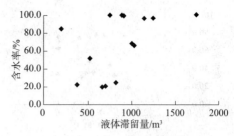

图 4 - 23　液体滞留量对初期含水率的影响　图 4 - 24　液体滞留量对目前含水率的影响

　　大斜度井规模越大，产能总体有增加趋势；其中，改造段数对含水影响不明显，排量对产能影响不明显；液体滞留量越大，增能效果明显，产液量越高，同时含水率也越高。

九、油井低产原因综合分析

　　低液量、低含水低产井及对应的低产原因分析见表 4 - 7。此类井低产的主要原因是储层渗透性较差，在现有井网井距下由于启动压力梯度的影响，不易受效，产能低。此类低产井的治理方向主要有：重复压裂引效；精细分层注水；适当缩小井排距。

表 4 - 7　低液量、低含水类低产井低产原因分析

序号	井号	所属井网	目前				低产原因
			日产液/m³	日产油/t	含水率/%	动液面/m	
1	虎 278 - 316 井	400m×100m	0.42	0.20	41.7	1909	受虎 500 - 499 井影响，含水率上升；渗透率差，液量低
2	虎 279 - 316 井	400m×100m	0.45	0.29	21.9	1700	渗透率低，液量低
3	虎 284 - 312 井	400m×100m	0.60	0.39	20.4	1950	注水井非均质性强，渗透率低，油井不受效
4	虎 287 - 309 井	400m×150m	0.35	0.23	19.9	1867	不受效，递减快
5	虎 287 - 3101 井	400m×100m	0.39	0.25	21.8	1950	渗透率低，液量低
6	虎 288 - 310 井	400m×150m	0.52	0.34	19.8	1913	注水井非均质性强，渗透率低，油井不受效
7	虎 289 - 309 井	400m×150m	0.37	0.24	20.0	1991	井距偏大，不受效，液量低
8	虎 290 - 305 井	400m×150m	0.25	0.16	20.8	1879	目前受效不明显，液量低
9	虎 292 - 308 井	400m×150m	0.37	0.24	21.6	1887	不受效，液量低
10	虎 294 - 306 井	400m×150m	0.43	0.16	56.5	1964	受效不明显，液量低
11	虎 293 - 305X 井	大斜度	0.34	0.21	24.8	1389	不受效，液量低

高液量、高含水低产井及对应低产原因分析见表4-8。此类井低产的主要原因有：改造规模偏大及对应注水井超前注水量偏大。此类低产井的治理方向主要有：堵水调剖，调整配注量、间采间注等。

表4-8 高液量、高含水低产井低产原因分析

序号	井号	所属井网	注水方式	目前				低产原因
				日产液/m³	日产油/t	含水率/%	动液面/m	
1	虎277-316井	400m×100m	超前	1.03	0.21	75.3	1917	注水受效，含水率快速上升
2	虎280-314井	400m×100m	超前	1.74	0.00	100.0	1700	注水受效，裂缝性水淹
3	虎281-312井	400m×100m	超前	1.22	0.15	84.7	1950	注水受效，含水率快速上升
4	虎282-312井	400m×100m	超前	4.69	0.04	99.0		注水受效，裂缝性水淹
5	虎283-312井	400m×100m	超前	1.51	0.09	93.0	1930	注水受效，裂缝性水淹
6	虎284-310井	400m×100m	滞后	1.58	0.03	98.1	1948	注水受效，裂缝性水淹
7	虎287-311井	400m×100m	超前	0.91	0.19	74.5	1482	注水量低，液量下降明显
8	虎294-307井	400m×150m	超前	2.76	0.03	98.4	1700	注水受效，裂缝性水淹
9	虎295-303井	400m×150m	滞后	2.24	0.07	96.4	1846	注水受效，裂缝性水淹
10	虎300-300井	400m×150m	滞后	1.63	0.19	85.8	1950	注水受效，含水率快速上升
11	罗351井	400m×150m	滞后	1.70	0.00	100.0	1940	注水受效，裂缝性水淹
12	虎284-310X井	大斜度	超前	3.83	0.10	96.7	1440	超前注水受效，裂缝性水淹
13	虎285-309X井	大斜度	超前	8.62	0.00	100.0	81	长 8_1^{2-2} 小层含油性差；超前注水受效，裂缝性水淹
14	虎286-308X井	大斜度	超前	1.39	0.01	99.4	1451	超前注水受效，裂缝性水淹
15	虎286-312X井	大斜度	超前	7.00	0.00	100.0	564	超前注水受效，裂缝性水淹
16	虎287-312X井	大斜度	超前	6.75	0.21	96.2	1324	超前注水受效，裂缝性水淹

序号	井号	所属井网	注水方式	目前				低产原因
				日产液/m³	日产油/t	含水率/%	动液面/m	
17	虎289－311X井	大斜度	超前	9.71	0.07	99.1	1560	超前注水受效，裂缝性水淹
18	虎290－306X井	大斜度	超前	3.14	0.00	100.0	1432	注水见效，含水率上升
19	虎295－304X井	大斜度	超前	1.34	0.18	83.9	1329	渗透率低，液量低；长 8_1^{2-2} 小层含油性差
20	虎296－303X井	大斜度	超前	6.42	0.00	100.0	1210	长 8_1^{2-2} 小层含油性差；超前注水受效，裂缝性水淹

第2节　油井增产措施(开发调整建议)

油井增产措施是为通过消除井筒附近的伤害或在地层中建立高导流能力的结构来提高油井的生产能力所采取的技术措施。增产措施包括压裂、酸化及压裂充填防砂、水力振荡解堵、声波和超声波防蜡防垢、电磁防蜡、微生物采油等技术。各项增产技术的目的都是增加产量或减小压降。减小压降可以防止油层出砂、发生水锥和防止近井地带的相平衡破坏而向凝析转化。以上用于油井增产的各项技术，也可以达到注水井增注的目的。

一、注采调整

注采方案调整主要是针对研究区开发过程中出现的压力平面分布不均衡，部分油井流压过低的现状，着重对油藏的注采比以及井底流动压力进行调整。针对高压区控制注水，均衡地层压力；针对低见效、低含水区强化注水、提高注采压差，以改善水驱效果。

1. 精细分层注水

从罗247区长 8_1 储层非均质性研究成果可知，该区储层隔夹层不发育，对于分层注水不利，但在条件合适的情况下采用分层注水还是有利于提高纵向储量的动用程度。

罗 247 区长 8₁油藏目前有注水井 35 口，其中，9 口井采用桥式同心分注，2 口井采用同心双管分注、5 口井采用油套分注，共 16 口井进行了分注。部分分注井射孔段小层非均质统计表见表 4 – 9。

表 4 – 9　分注井非均质性统计数据表

序号	井号	方式	砂体号	垂深顶界/m	垂深底界/m	垂深厚度/m	孔隙度/%	渗透率/$10^{-3}\mu m^2$	渗透率级差	隔夹层厚度/m
1	虎 270 – 321 井	桥式同心分注	84	2740.5	2744.1	3.6	8.33	0.471	1.70	0.9
			85	2745.0	2747.0	2.0	7.14	0.277		
2	虎 272 – 319 井	桥式同心分注	57	2689.2	2696.2	7.0	8.24	0.46	1.15	0.6
			58	2696.8	2700.4	3.6	8.07	0.401		
3	虎 274 – 319 井	桥式同心分注	52	2710.8	2714.3	3.5	8.17	0.42	1.02	0.0
			53	2714.3	2723.4	9.1	8.17	0.429		
4	虎 280 – 313 井	桥式同心分注	63	2695.3	2702.6	7.3	11.27	1.061	1.22	0.9
			66	2709.2	2711.7	2.5	10.38	0.869		
5	虎 282 – 315 井	油套分注	52	2684.6	2691.0	6.5	7.89	0.377	1.08	1.1
			53	2692.1	2698.7	6.6	8.11	0.409		
6	虎 284 – 311 井	桥式同心分注	55	2696.7	2700.8	4.1	10.45	0.882	1.27	0.8
			56	2701.6	2707.7	6.1	11.38	1.116		
7	虎 284 – 313 井	桥式同心分注	54	2684.9	2688.4	3.5	6.32	0.186	1.13	1.1
			55	2689.5	2699.4	9.9	6.05	0.165		
8	虎 288 – 311 井	油套分注	47	2657.1	2666.9	9.8	6.95	0.255	1.02	0.0
			48	2666.9	2671.8	4.9	6.99	0.261		
9	虎 290 – 3101 井	油套分注	50	2662.9	2671.2	8.3	7.48	0.321	1.05	0.7
			51	2671.9	2677.0	5.2	7.33	0.305		
10	虎 290 – 311 井	油套分注	50	2648.7	2652.2	3.5	5.92	0.146	2.90	0.0
			53	2657.4	2661.7	4.3	8.14	0.424		
11	虎 292 – 304 井	桥式同心分注	56	2675.8	2687.5	11.7	12.30	1.356	2.85	0.0
			57	2687.5	2692.5	5.0	8.50	0.476		
12	虎 294 – 304 井	桥式同心分注	64	2666.3	2669.4	3.1	9.14	0.587	1.49	0.0
			66	2672.3	2678.8	6.5	10.44	0.872		
13	虎 294 – 309 井	油套分注	42	2652.2	2656.9	4.7	8.83	0.53	1.23	0.0
			44	2661.3	2666.6	5.3	8.06	0.432		

虎284-311井于2020年7月由合注转为桥式同心分注，分注层位渗透率级差为1.27，隔夹层厚度为0.8m，有利于分注。从对应油井的生产动态可以看出，虎284-310井、虎283-311井、虎282-312井、虎283-312井、虎284-312井5口井产液量都有不同程度的增加，虎285-3101井液量保持稳定，而虎285-3101井、虎284-312井3口井产油量有所提高。

虎284-313井于2019年1月由合注转为桥式同心分注，分注层位渗透率级差为1.13，隔夹层厚度为1.1m，从渗透率差异来看，分注的意义不大。从对应油井的生产动态(图4-25)可以看出，分注后该井组投产较早的虎284-312井、虎283-313井、虎285-312井3口井液量无明显变化，当虎284-313井配注量上调至12.0m³以上时，虎285-312井才明显开始受效。

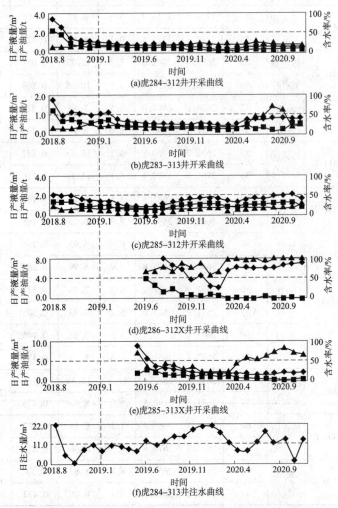

图4-25　虎284-313井分注前后对应油井开采曲线

从以上两口井的分注效果来看，要达到较好的分注效果，分注小层之间渗透率级差不能太低，至少达到 1.3 以上，且分注小层之间需要发育一定厚度的隔夹层。因此，建议对虎 280 – 315 井、虎 282 – 313 井、虎 286 – 311 井、虎 286 – 313 井、虎 297 – 304 井 5 口井进行分注，其中，虎 282 – 313 井、虎 286 – 311 井、虎 286 – 313 井、虎 297 – 304 井 4 口井因井组存在裂缝性见水井，因此，需要对这 4 口井进行调剖后再进行分注。5 口井的分注条件及建议配注量见表 4 – 10。

表 4 – 10　建议分注井分注条件及建议配注量

序号	井号	方式	砂体号	垂深顶界/m	垂深底界/m	垂深厚度/m	孔隙度/%	渗透率/$10^{-3} \mu m^2$	渗透率级差	隔夹层厚度/m	建议配注量/m^3
1	虎 280 – 315 井	合注	54	2675.1	2679.8	4.7	6.19	0.174	1.48	1.4	6
			55	2681.2	2688.8	7.6	6.97	0.257			9
2	虎 282 – 313 井	合注	37	2699.3	2701.2	1.9	7.77	0.359	1.31	1.1	6
			38	2702.3	2708.9	6.6	7.09	0.275			9
3	虎 286 – 311 井	合注	47	2687.7	2692.8	5.1	6.97	0.274	1.43	2.4	6
			48	2695.2	2704.8	9.6	7.80	0.391			9
4	虎 286 – 313 井	合注	51	2652.1	2657.9	5.8	7.70	0.358	1.37	0.9	9
			52	2658.8	2662.4	3.6	6.92	0.262			6
5	虎 297 – 304 井	合注	50	2630.4	2638.5	8.1	8.45	0.481	1.84	0.8	5
			51	2639.3	2643.9	4.6	6.97	0.262			3

2. 间采间注

间歇注水，又称周期注水，是指周期性向油层进行人工注水，或连续注水但周期性地改变注水量或限制采油量，在油层中造成不稳定的脉冲压力状态。

间歇注水作为一种提高原油采收率的注水方法，其作用机理与普通的水驱不完全一样，它主要是利用压力波在不同渗滤特性介质中的传递速度不同，通过周期性的提高和降低注水量的办法使得油层内部产生不稳定的压力场和在不同渗透率小层之间产生相应的液体不稳定交渗流动。

在升压半周期，注水压力加大，一方面，部分注入水由于压力升高直接进入低渗层和高渗层内低渗段，驱替那些在常规注水时未能被驱走的剩余油，改善了吸水剖面；另一方面，由于注入量的增大，部分在大孔道中流动的水克服毛细管力的作用沿高低渗段的交界面进入低渗段，使低渗段的部分油被驱替；再者，注水压力的加大使低渗层段获得更多的弹性能，因此，水量越大，升压半周期储层内流体的各项活动越强烈。

当进入降压半周期，由于高、低渗段压力传导速度不同，高渗段压力下降快，低渗段压力下降慢，这样，高、低渗段间形成一反向的压力梯度，同时，由于毛细管力和弹性力的作用，在两段交界面出现低渗段中的部分水和油缓慢向高渗段的大孔道流动，并在生产压差的作用下随同后来的驱替水流向生产井，因此，水量越小，高渗层段能量下降越快，越有利于低渗层段较早地发挥其储备能，而高渗层段内低渗段流体在弹性能和毛细管力的作用下沿高、低渗段的交界面进入高渗段的时机也越早，流体也越多。

罗 247 区长 8 油藏目前的开发方式下，裂缝性见水井比例高，裂缝附近基质中的原油驱替效率低，利用周期注水可以提高基质中原油的动用程度。在华庆油田也有成功的例子可借鉴，山 156 井区长 6$_3$ 油藏采用水平井七点法进行开发，开采过程中水平井见水快，治理难，后通过腰部注水井的停注及多轮次的周期注水，起到了较好的抑制含水上升的作用。

因此，拟对裂缝见水方向的见水井和来水方向的注水井通过间采间注的方式进行开采，具体工作制度为注水井停注 3 个月、注 1 个月，对应水淹井采 3 个月、停 1 个月，进行六轮次的开采试验。具体井号见表 4-11。

表 4-11　间采间注井统计表

水淹井	目前			对应注水井	日注水量/m³
	日产液/m³	日产油/t	含水率/%		
虎 283-312 井	1.51	0.09	93.0	虎 282-313 井	15.67
虎 282-312 井	4.69	0.04	99.0		
虎 281-312 井	1.22	0.15	84.7	虎 282-311 井	14.53
虎 284-310 井	1.58	0.03	98.1		
虎 284-310X 井	3.83	0.10	96.7	虎 285-310 井	14.5
虎 285-309X 井	8.62	0.00	100.0		
虎 286-308X 井	1.39	0.01	99.4	虎 287-308 井	14.33
虎 297-302 井	高含水关井			虎 297-304 井	9.7
虎 296-303X 井	6.42	0.00	100.0		
虎 289-311X 井	9.71	0.07	99.1	虎 290-311 井	14.13
虎 286-312X 井	7.00	0.00	100.0	虎 286-313 井	15.77
虎 287-312X 井	6.75	0.21	96.2		

从间采间注六轮次后的开发效果来看，措施效果较好，起到了降低含水率、增油的作用，六轮次后累增油2796t，含水率下降5.9%。

3. 酸压增注

罗247区长8_1油藏由于储层物性差，欠注现象严重。2019年措施增注5口井，2020年措施增注13口井。从措施效果来看（表4-12），有9口井措施后日注量有所增加，措施有效期在6个月左右。

表4-12　罗247区长8_1油藏注水井措施增注前后参数统计表

序号	增注井	措施日期	措施前		措施后		增注量/(m^3/d)	有效期/月
			注水量/(m^3/d)	油压/MPa	注水量/(m^3/d)	油压/MPa		
1	虎270-321井	2020.3	4.97	22.7	5.50	19.7	0.5	1
2	虎274-319井	2020.5	20.8	11.67	15.00	18.6	-5.8	7
3	虎278-315井	2020.4	7.55	20.3	2.87	22.2	-4.7	—
4	虎280-313井	2020.1	15.16	21.3	14.90	21.1	-0.3	—
5	虎280-315井	2020.5	0.00	17.8	11.50	16.6	11.5	6
6	虎284-313井	2020.1	20.90	20.8	17.14	21.8	-3.8	—
7	虎285-310井	2020.7	0.00	21.7	5.69	22.4	5.7	5
8	虎287-308井	2020.5	0.03	21.9	7.37	22.8	7.3	7
9	虎288-311井	2020.3	2.62	16.9	0.17	18.9	-2.5	—
10	虎289-308井	2020.4	10.32	22.5	6.74	20.4	-3.6	—
11	虎290-3101井	2020.6	9.26	18.9	6.29	18.2	-3.0	—
12	虎291-308井	2020.1	14.97	22.1	10.10	22.1	-4.9	—
13	虎294-304井	2020.6	11.81	19.0	18.13	20.7	6.3	5
14	虎282-313井	2019.5	13.20	19.9	5.37	18.6	-7.8	—
15	虎287-310井	2019.4	12.39	21.1	15.68	20.3	3.3	11
16	虎292-304井	2019.9	6.90	20.3	9.52	20.9	2.6	7
17	虎293-306井	2019.11	0.06	20.7	5.77	18.6	5.7	12
18	虎297-304井	2019.11	3.00	21.8	15.13	17.9	12.1	3

从罗247区长8_1油藏目前注水井注水状况看，目前仍有15口井欠注，其中，10口井月欠注量超过100m^3（表4-13）。

表 4 –13　罗 247 区长 8₁ 油藏欠注井状况统计表

表 4 –13　罗 247 区长 8_1 油藏欠注井状况统计表

序号	井号	井配注/m³	井注水量/m³	目前欠注量/m³	备注
1	虎 270 – 321 井	300	43	257	2020.3 采取措施，措施效果差
2	虎 278 – 315 井	450	34	416	2020.4 采取措施，措施无效
3	虎 282 – 311 井	600	436	164	
4	虎 284 – 313 井	540	412	128	2020.1 采取措施，措施无效
5	虎 285 – 310 井	450	435	15	2020.7 采取措施
6	虎 286 – 311 井	540	13	527	
7	虎 287 – 308 井	450	430	20	2020.5 采取措施
8	虎 288 – 311 井	540	495	45	2020.3 采取措施
9	虎 289 – 308 井	450	232	218	2020.4 采取措施，措施无效
10	虎 292 – 304 井	810	184	626	2019.9 采取措施，措施效果差
11	虎 292 – 309 井	600	6	594	
12	虎 292 – 310 井	450	321	129	
13	虎 293 – 306 井	600	547	53	2019.11 采取措施
14	虎 498 – 501 井	450	18	432	
15	虎 500 – 499 井	240	152	88	

　　根据近两年措施增注井的措施效果和目前欠注井的分布情况，建议下步对虎 270 – 321 井、虎 278 – 315 井、虎 282 – 311 井等 10 口井进行酸压增注，补充地层能量(表 4 – 14)。

表 4 –14　罗 247 区建议措施增注井注水状况统计表

序号	井号	井配注/m³	井注水量/m³	备注
1	虎 270 – 321 井	300	43	2020.3 采取措施，措施效果差
2	虎 278 – 315 井	450	34	2020.4 采取措施，措施无效
3	虎 282 – 311 井	600	436	
4	虎 284 – 313 井	540	412	2020.1 采取措施，措施无效

序号	井号	井配注/m³	井注水量/m³	备注
5	虎286-311井	540	13	
6	虎292-304井	810	184	2019.9采取措施，措施效果差
7	虎292-309井	600	6	
8	虎292-310井	450	321	
9	虎498-501井	450	18	
10	虎500-499井	240	152	

通过酸压增注措施后，使注水井达到配注量要求，从预测结果（表4-15）可以看出，注水井酸压增注达到配注量要求后，相比目前开发状况，含水率有所上升，累计采油量有所下降，因此，在酸压增注后，还需根据油藏含水变化状况调整配注量。

表4-15 酸化增注后效果预测

时间/a	增注前		增注后	
	累产油量/10⁴t	含水率/%	累产油量/10⁴t	含水率/%
5	12.11	72.7	11.73	75.3
10	16.82	79.9	16.03	81.6
15	20.58	83.2	19.49	84.4
20	23.82	85.2	22.52	86.0

4. 优化注采比及注水量

1）注采比优化

合理注采比应能保持合理的含水率上升速度，并使地层压力保持水平。统计罗247区长8₁油藏定向井和大斜度井井网区域含水、动液面与注采比之间的关系（图4-26～图4-31），由此确定罗247区长8₁油藏合理注采比：400m×100m大斜度井网注采比1.5左右；480m×150m定向井网注采比为0.6左右；480m×100m定向井网注采比为3.0左右。而目前400m×100m大斜度井网注采比为2.4；480m×150m定向井网注采比为0.58；480m×100m定向井网注采比为3.97。因此，需要根据合采注采比调整各井网的注采比，尤其是大斜度井网区，目前裂缝性见水严重，需要下调注采比和注水强度。

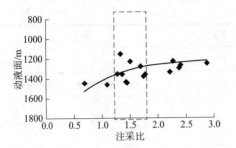

图 4 - 26　大斜度井网注采比与动液面关系

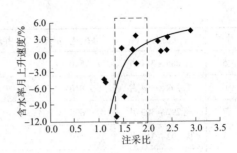

图 4 - 27　大斜度井网注采比与
含水率上升速度关系

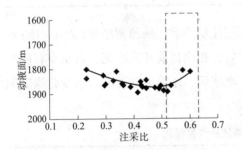

图 4 - 28　480m×150m 井网注采比与
动液面关系

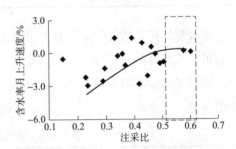

图 4 - 29　480m×150m 井网注采比与
含水率上升速度关系

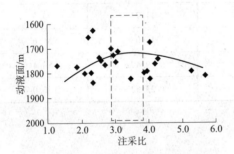

图 4 - 30　480m×100m 井网注采比与
动液面关系

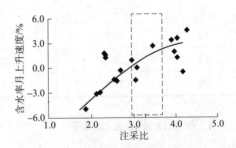

图 4 - 31　480m×100m 井网注采比与
含水率上升速度关系

　　利用数值模拟，对大斜度 400m×100m 注采井网设定注采比 1.5、2.0、2.5、3.0、3.5，预测 20 年开发效果。从预测结果（表 4 - 16）可以看出，大斜度井网随注采比增加，受裂缝见水影响，含水率上升，累产油量下降。目前注采比 2.4，应下调注采比至 1.5 左右。

表 4-16 大斜度 400m×100m 注采井网不同注采比下开发效果预测数据表

时间/a	IPR=1.5		IPR=2.0		IPR=2.5		IPR=3.0		IPR=3.5	
	累产油量/ 10^4 t	含水率/ %	累产油量/ 10^4 t	含水率/ %	累产油量/ 10^4 t	含水率/ %	累产油量/ 10^4 t	含水率/ %	累产油量/ 10^4 t	含水率/ %
5	15.11	70.83	14.82	71.95	14.71	72.27	14.56	72.61	14.51	72.71
10	21.09	79.27	20.58	79.82	20.47	79.54	20.34	79.22	20.32	79.03
15	25.67	83.23	25.10	83.27	25.10	82.76	25.05	82.46	25.57	82.38
20	29.51	85.51	28.97	85.34	29.09	84.91	29.10	84.73	29.12	84.71

利用数值模拟,对定向井菱形反九点 480m×150m 注采井网设定注采比 1.5、2.0、2.5、3.0、3.5,预测 20 年开发效果。从预测结果(表 4-17)可以看出,在该井网下,随着注采比增加,含水率有所升高,累产油量有所减少,该井网暂未出现裂缝性见水,注采比影响少。目前注采比为 0.58,因此,优化注采比为 0.6。

表 4-17 菱形反九点 480m×150m 注采井网不同注采比下开发效果预测数据表

时间/a	IPR=0.4		IPR=0.6		IPR=0.8		IPR=1.0		IPR=1.2	
	累产油量/ 10^4 t	含水率/ %	累产油量/ 10^4 t	含水率/ %	累产油量/ 10^4 t	含水率/ %	累产油量/ 10^4 t	含水率/ %	累产油量/ 10^4 t	含水率/ %
5	14.74	71.91	14.57	72.69	14.52	72.80	14.51	72.84	14.49	72.90
10	20.54	77.33	20.27	79.76	20.25	79.55	20.24	79.51	20.22	79.50
15	25.08	83.27	24.83	83.06	24.86	82.91	24.85	82.91	24.83	82.90
20	28.93	85.48	28.75	85.16	28.80	85.10	28.80	85.10	28.78	85.10

利用数值模拟,对定向井菱形反九点 480m×100m 注采井网设定注采比 1.5、2.0、2.5、3.0、3.5,预测 20 年开发效果。从预测结果(表 4-18)可以看出,在该井网下,随着注采比增加,含水率有所升高,累产油量有所减少,但影响不大。该井网区物性差,排距小,目前注采比为 3.97,优化注采比为 3.5。

表 4-18 菱形反九点 480m×100m 注采井网不同注采比下开发效果预测数据表

时间/a	IPR=3.0		IPR=3.5		IPR=4.0		IPR=4.5		IPR=5.0	
	累产油量/ 10^4 t	含水率/ %	累产油量/ 10^4 t	含水率/ %	累产油量/ 10^4 t	含水率/ %	累产油量/ 10^4 t	含水率/ %	累产油量/ 10^4 t	含水率/ %
5	14.56	72.52	14.51	72.77	14.49	72.81	14.45	72.84	14.44	72.82
10	20.31	79.61	20.26	79.55	20.24	79.52	20.21	79.47	20.20	79.44
15	24.90	82.96	24.86	82.94	24.84	82.93	24.82	82.91	24.82	82.90
20	28.84	85.14	28.80	85.13	28.78	85.13	28.76	85.13	28.76	85.13

2）注水量优化

（1）定向井注水量优化。设定定向井注水量为 $10m^3/d$、$15m^3/d$、$20m^3/d$、$25m^3/d$、$30m^3/d$，预测 20 年累计采油量和含水。从预测结果（表 4-19）可以看出，对于定向井，随着注水量增加，含水率有所增加，前期差异较为明显，后期差异较小，累产油量随注水量增加有所减少。因此，优化定向井注水量为 $15m^3/d$。

表 4-19　不同注水量下的定向井开发效果预测

时间/a	注水量：10.0m³/d		注水量：15.0m³/d		注水量：20.0m³/d		注水量：25.0m³/d		注水量：30.0m³/d	
	累产油量/10⁴t	含水率/%	累产油量/10⁴t	含水率/%	累产油量/10⁴t	含水率/%	累产油量/10⁴t	含水率/%	累产油量/10⁴t	含水率/%
5	12.15	72.00	12.02	73.05	11.96	73.34	11.91	73.29	11.90	73.46
10	17.01	79.37	16.75	79.69	16.65	79.79	16.65	79.48	16.58	79.83
15	20.84	82.93	20.54	83.07	20.43	83.13	20.48	82.92	20.35	83.14
20	24.11	85.18	23.78	85.25	23.66	85.27	23.75	85.17	23.59	85.27

（2）大斜度井注水量优化。设定大斜度井注水量为 $10m^3/d$、$15m^3/d$、$20m^3/d$、$25m^3/d$、$30m^3/d$，预测 20 年累计采油量和含水。从预测结果（表 4-20）可以看出，对于大斜度井，随注水量增加初期增加较快，后期含水率上升速度有所下降，注水量为 $10m^3/d$ 时初期含水较低，且增油量相对要高，因此初期不宜增大注水量，而应采用较低的注水量，优化大斜度井合理注水量 $10m^3/d$。

表 4-20　不同注水量下的大斜度井开发效果预测

时间/a	注水量：10.0m³/d		注水量：15.0m³/d		注水量：20.0m³/d		注水量：25.0m³/d		注水量：30.0m³/d	
	累产油量/10⁴t	含水率/%	累产油量/10⁴t	含水率/%	累产油量/10⁴t	含水率/%	累产油量/10⁴t	含水率/%	累产油量/10⁴t	含水率/%
5	12.38	71.61	12.11	72.62	12.00	72.91	11.93	72.96	11.91	72.92
10	17.24	79.52	16.91	79.37	16.82	79.00	16.78	78.88	16.77	78.84
15	21.00	83.34	20.78	82.60	20.77	82.38	20.74	82.33	20.73	82.31
20	24.18	85.59	24.13	84.78	24.14	84.71	24.12	84.69	24.11	84.67

3）调整配注量

由罗 247 区长 8_1 油藏目前油藏开发效果可知，大斜度井开发区油井裂缝性见水现象严重，受注水影响明显，且裂缝性见水后措施难度较大，为了降低含水的影响，对应注水井需温和注水，根据注水量优化结果可知，相对定向井开发区域，大斜度井区域的注水量应有所下降，为 10m³/d 左右。因此，对罗 247 区目前大斜度井开发区域的注水井配注量进行调整（表 4 −21）。

表 4 −21　罗 247 区长 8₁ 油藏注水井调配数据表

序号	井号	方式	初期			目前			调整后配注/(m³/d)
			配注/(m³/d)	实注/(m³/d)	油压/MPa	配注/(m³/d)	实注/(m³/d)	油压/MPa	
1	虎 284 − 313 井	桥式同心分注	25	21.48	16.2	18	13.73	22.5	10
2	虎 285 − 310 井	合注	20	15.29	16.8	15	14.50	23.0	10
3	虎 286 − 313 井	合注	16	16.00	17.1	15	15.77	18.7	10
4	虎 287 − 308 井	合注	20	19.16	16.7	15	14.33	22.9	10
5	虎 287 − 310 井	合注	20	16.65	16.5	15	15.80	22.1	10
6	虎 288 − 311 井	油套分注	25	25.35	17.5	18	16.50	20.5	10
7	虎 291 − 306 井	合注	20	20.32	16.2	20	20.67	21.0	10
8	虎 292 − 304 井	桥式同心分注	23	22.55	16.1	27	6.13	22.5	10
9	虎 294 − 304 井	桥式同心分注	22	21.42	15.7	30	30.67	19.2	10

通过调整配注量后的累产油量和含水率预测（表 4 −22）。可以看出，通过下调大斜度井开发区域注水井配注量，含水率有所下降，累计采油量有所上升，效果较好。

表 4 −22　调整配注量后效果预测

时间/a	调配前		调配后	
	累产油量/10⁴t	含水率/%	累产油量/10⁴t	含水率/%
5	12.11	72.7	12.32	71.7
10	16.82	79.9	17.20	79.3
15	20.58	83.2	21.00	83.2
20	23.82	85.2	24.20	85.5

5. 优化超前注水量和注水时机

超前注是指油田开发投产前投入注水的开采方式，其机理是在超前的时间内，只注不采，使地层压力高于原始地层压力，加大生产压差，从而提高油井产量。

优化超前注水量。超前注水时，按照圆形封闭地层以注水井为中心，考虑启动压力梯度，在达到拟稳态的情况下，根据地层压缩系数的定义，可得累计注水量与地层压力有如下关系：

$$\Delta V = C_t \cdot V \cdot \Delta P \qquad (4-1)$$

$$C_t = C_O + \frac{C_W S_{Wi} + C_f}{1 - S_{Wi}} \qquad (4-2)$$

其中，

$$\begin{cases} C_W = 1.4504 \times 10^{-4} \left[A + B(1.8T + 32) + C(1.8T + 32)^2 \right] \times (1.0 + 4.9974 \times 10^{-2} R_{SW}) \\ A = 3.8546 - 1.9435 \times 10^{-2} P \\ B = -1.052 \times 10^{-2} + 6.9183 \times 10^{-5} P \\ C = 3.9267 \times 10^{-5} - 1.2763 \times 10^{-7} P \\ C_f = \dfrac{2.587 \times 10^{-4}}{\phi^{0.4358}} \end{cases}$$

式中，ΔV 为累计注水量，m^3；C_t 为地层压缩系数，MPa^{-1}；V 为注入孔隙体积，m^3；ΔP 为压力差，MPa；C_O 为地层原油压缩系数，MPa^{-1}；C_W 为地层水压缩系数，MPa^{-1}；C_f 为岩石压缩系数，MPa^{-1}；T 为地层温度，℃；S_{Wi} 为束缚水饱和度；Φ 为孔隙度；R_{SW} 为地层水中天然气的溶解度，$\mathrm{m}^3/\mathrm{m}^3$；$P$ 为地层压力，MPa。

应用压缩系数法可以求得罗247区长 8_1 油藏理论超前累计注水量为 $3200\mathrm{m}^3$，考虑到大斜度井改造过程中液体滞留量为 $850 \sim 1000\mathrm{m}^3$，因此，实际超前注水量为 $2200 \sim 2350\mathrm{m}^3$。

设置不同超前注水量 $1350\mathrm{m}^3$，$2250\mathrm{m}^3$，$3600\mathrm{m}^3$，预测开发效果。从预测结果可以看出，超前注水量越大，初期含水越高，累产能下降明显，优化超前注水量 $2250\mathrm{m}^3$。

优化超前注水时机，采用以下3种方法：

(1)压缩系数法。

应用压缩系数法可以求得罗247区长 8_1 油藏实际超前累计注水量约为 $2250\mathrm{m}^3$。按照日注水量为 $8 \sim 10\mathrm{m}^3$ 进行注水，可以求得长 8_1 油藏超前注水时间为 $225 \sim 280\mathrm{d}$。

(2)压力传播速度法。

低渗透油藏压力波的影响半径与传播的关系式为：

$$t = \frac{1}{24} \left[69.44 \frac{\phi C_t \mu_o}{K K_{ro}} R(t)^2 + 25.128 \frac{\phi C_t \lambda}{J_{os}(P_e - P_{wf})} R(t)^3 \right] \qquad (4-3)$$

将其转换成注水井公式，当压力波传到相邻油井时为最佳投产时间，则：

$$t = \frac{1}{24}\left(69.44\frac{\phi C_t \mu_o}{KK_{rw}}d^2 + 25.128\frac{\phi C_t \lambda}{\dfrac{Q_i}{h}}d^3\right) \qquad (4-4)$$

式中，t 为时间，d；ϕ 为有效孔隙度；C_t 为总有效压缩系数，MPa^{-1}；μ_o、μ_w 为地下原油和水的黏度，$mPa \cdot s$；$R(t)$ 为压力波的影响半径，m；P_e 为油藏原始压力，MPa；P_{wf} 为生产井井底流压，MPa。

通过上述方法可以确定罗 247 区长 8_1 油藏超前注水时机为 230 ~ 290d。

(3)数值模拟法。

超前注水量 $2250m^3$，设置 4 种方案：日注 $25m^3$，超前 3 个月；日注 $15m^3$，超前 5 个月；日注 $10m^3$，超前 7 个月；日注 $8m^3$，超前 9 个月。从预测结果可以看出，超前 9 个月，月注 $8m^3$，1 年后产能明显高于超前 3 个月，即超前注水需温和注水。

综合上述 3 种方法效果可知，优化超前注水时机为超前 9 个月，单井日注 $8m^3$。

二、重复压裂

重复压裂是低渗透油田增产稳产的主要措施之一。包括层内压新缝、延伸原有裂缝和改向重复压裂 3 种类型，其中，改向重复压裂主要适用于中高含水期或高含水井。

罗 247 区长 8_1 油藏物性较差，在井距偏大的情况下不易受效。计划对虎 279 - 316 井、虎 284 - 312 井等 9 口井进行重复压裂引效(表 4 - 23)。

表 4 - 23　计划重复压裂井生产状况统计表

序号	井号	初期				目前			
		日产液/m^3	日产油/t	含水率/%	动液面/m	日产液/m^3	日产油/t	含水率/%	动液面/m
1	虎 279 - 316 井	1.94	1.27	20.3	1678	0.45	0.29	21.9	1700
2	虎 284 - 312 井	2.66	1.84	15.5	1766	0.60	0.39	20.4	1950
3	虎 287 - 309 井	3.57	2.47	15.8	1274	0.35	0.23	19.9	1867
4	虎 287 - 3101 井	1.78	1.19	18.5	1879	0.39	0.25	21.8	1950
5	虎 288 - 310 井	4.02	2.63	20.3	1173	0.52	0.34	19.8	1913
6	虎 289 - 309 井	2.75	1.85	18.1	1851	0.37	0.24	20.0	1991
7	虎 290 - 305 井	2.69	1.58	28.5	1905	0.25	0.16	20.8	1879
8	虎 292 - 308 井	2.35	1.57	18.5	1686	0.37	0.24	21.6	1887
9	虎 294 - 306 井	1.22	0.67	32.8	1732	0.43	0.16	56.5	1964

三、堵水调剖

调剖堵水是指从注水井进行封堵高渗透层时，可调整注水层段的吸水剖面或从采油井进行封堵高渗透层时，可减少油井产水。油田在开发过程中，注入水常沿高渗带、裂缝过早侵入油井，造成水驱波及系数低，使油井含水率上升和产油量下降。通过向油层注入化学试剂，以堵裂缝为主，可以提高水驱波及面积。

罗247区2019年对虎276-317井、虎286-311井、虎290-311井、虎293-306井4口井进行了调剖。调剖前后注水参数变化表见表4-24。可以看到，虎286-311井、虎290-311井两口井调剖后，注水量有所下降，其中，虎290-311井油压有所上升。

表4-24　调剖井措施前后注水参数变化统计表

井号	措施时间	调剖前		调剖后	
		注水量/(m³/d)	油压/MPa	注水量/(m³/d)	油压/MPa
虎276-317井	2019.6	7.81	17.9	9.97	13.9
虎286-311井	2019.12	20.33	18.8	3.21	16.9
虎290-311井	2019.12	20.30	16.9	2.07	17.6
虎293-306井	2019.6	8.83	18.6	9.77	18.6

注水井调剖后，对应油井的生产参数变化统计结果见表4-25。对比措施前后油井的生产动态，虎276-317井调剖后，虎277-316井液量和含水下降明显，虎277-317井、虎278-316井两口井的液量也有所下降；虎286-311井调剖后，该井组主见水方向的虎286-312X井受效明显，液量、含水下降，油量上升；虎290-311井调剖后，对应油井289-311X井液量下降，含水有所上升；虎293-306井调剖后，主见水方向油井虎295-303液量下降、含水下降，油量也有所下降。

表4-25　调剖井措施前后油井生产参数变化统计表

调剖井	对应油井	措施前			措施后		
		日产液/m³	日产油/t	含水率/%	日产液/m³	日产油/t	含水率/%
虎276-317井	虎275-317井	3.13	2.06	19.8	1.72	1.13	19.5
	虎276-316井	1.46	0.96	19.5	1.45	0.94	20.9
	虎277-316井	8.87	1.26	82.7	2.65	0.93	57.3
	虎277-317井	2.46	1.62	19.4	1.21	0.80	19.1
	虎278-316井	2.29	1.47	21.9	1.50	0.70	42.9

调剖井	对应油井	措施前			措施后		
		日产液/m³	日产油/t	含水率/%	日产液/m³	日产油/t	含水率/%
虎286–311井	虎286–3101井	3.34	0.00	100.0			
	虎285–111井	1.34	0.88	19.5	1.41	0.93	19.4
	虎284–312井	0.63	0.39	25.4	0.34	0.22	19.3
	虎287–3101井	0.81	0.53	19.7	0.28	0.18	18.9
	虎285–312井	1.84	1.18	21.5	1.72	1.12	20.2
	虎288–3101井	0.74	0.49	19.7	0.60	0.38	22.2
	虎287–311井	1.50	0.81	34.1	2.08	1.38	18.9
虎290–311井	虎286–312X井	4.63	0.33	91.3	2.09	0.58	66.0
	虎289–311X井	12.67	0.34	96.7	8.64	0.06	99.2
虎293–306井	虎291–307井	1.16	0.69	27.7	1.13	0.75	19.3
	虎293–304井	2.36	1.53	21.1	1.75	1.09	23.8
	虎294–303井	0.82	0.50	26.4			
	虎295–303井	2.11	0.30	82.8	0.75	0.16	74.7
	虎292–307井	1.22	0.81	19.4	1.68	1.10	20.6
	虎295–305井	1.35	0.75	32.9	1.31	0.80	25.4
	虎294–306井	0.92	0.57	24.4	0.95	0.47	38.6
	虎293–307井	1.15	0.72	24.0	1.06	0.70	19.1

结合罗247区油井见水方向和目前储量动用情况，为了提高储量平面动用程度，提出对虎297–304井、虎286–313井、虎282–311井、虎285–310井、虎282–313井5口井进行调剖。

第5章 "甜点区"建产及效果预测

第1节 储层综合评价及有利区筛选

一、储层综合评价

沉积作用控制了储层的宏观展布规律、发育规模等，成岩作用控制了储层微观孔喉结构特征。因此，通过将储层宏观沉积特征与微观孔喉特征相结合，建立了储层综合评价参数表，将罗247区长8₁储层分为3类（表5-1）。

表5-1 罗247区长8₁储层分类标准

评价对象	评价参数	储层类型		
		II$_A$	II$_B$	III
沉积特征	叠加砂体厚度/m	>8	8.0~4.0	<4.0
	砂地比	>0.6	0.6~0.3	<0.3
	沉积微相	水下分流河道	水下分流河道, 河口坝	水下分流河道, 水下天然堤
物性特征	孔隙度/%	>9.0	9.0~7.0	<7.0
	渗透率/$10^{-3}\mu m^2$	>0.4	0.4~0.2	<0.2
孔喉特征	平均孔径/μm	>30	30~20	<20
	排驱压力/MPa	<0.5	0.5~2.0	>2.0
	中值半径/μm	>0.2	0.2~0.05	<0.05
	退汞效率/%	>25	25~20	<20

II$_A$类储层为该区最优储层，砂体叠加厚度大于8.0m，砂地比大于0.6，主要发育于水下分流河道核部。物性及含油性相对好，孔隙度大于9.0%，渗透率大于$0.4 \times 10^{-3}\mu m^2$。孔喉结构复杂程度相对低，平均孔径大于30$\mu m$，排驱压力低于0.5MPa，中值半径大于0.2$\mu m$，退汞效率大于30%。

II_B 类储层为该区中等储层，砂体叠加厚度分布在 4.0~8.0m，砂地比分布在 0.3~0.6，主要发育于水下分流河道中部和河口坝。物性及含油性较 II_A 类储层差，孔隙度分布在 7.0%~9.0%，渗透率分布在 $0.2 \times 10^{-3} ~ 0.4 \times 10^{-3} \mu m^2$。孔喉结构复杂程度较 II_A 类储层强，平均孔径大于 20~30μm，排驱压力为 0.5~2.0MPa，中值半径为 0.05~0.2μm，退汞效率为 20%~25%。

III 类储层为该区一般储层，砂体叠加厚度小于 4.0m，砂地比小于 0.3，主要发育于水下分流河道边部和席状砂。物性及含油性最差，孔隙度小于 7.0%，渗透率小于 $0.2 \times 10^{-3} \mu m^2$。孔喉结构复杂程度相对最大，平均孔径小于 20μm，排驱压力大于 2.0MPa，中值半径介于低于 0.05μm，退汞效率低于 20%。

油气有利聚集区（以下简称"有利区"）是综合考虑生油层、储集层、盖层、圈闭、运移以及保存等石油成藏条件后在平面上预测出的优势区域。因此，了解成藏条件、油藏的特征及分布规律是优选有利区的前提与基础。基于上述原因，通过讨论石油成藏地质条件，结合测井解释综合成果及试油等资料，在分析罗 247 区长 8_1 储层油藏特征的基础上，建立有利区优选标准，预测有利区位置及面积。

二、成藏条件分析

通常情况下，石油首先由烃源岩生成，通过运移动力的作用而在输导体系中流动，并在储层中聚集，若储层周围发育阻止油气扩散的盖层，区域无大的构造断裂，则最终能够形成油藏，并得以保存。因此，主要通过生、储、盖、圈、运、保 6 个方面分析罗 247 长 8_1 储层成藏条件。

1. 烃源岩条件

在湖盆演化过程中，长 7 期为湖盆扩张鼎盛阶段，面积达到最大，以深水重力流沉积为主，发育一套厚层以黑色、深灰色泥岩、油页岩为主的优质烃源岩。该套烃源岩在湖盆中心处平均厚度达 40m 左右，由于有机质丰度高、烃源岩成熟度好，具有较大生烃潜力，是延长组地层中最为重要的烃源岩。在压力差作用下，石油生成后由长 7 向上或向下运移，而长 8_1 层位于长 8 顶部，长 7 层底部，因此，长 8_1 是有利含油层位。但由于环江地区处于鄂尔多斯盆地长 7 生烃强度分布范围的边部（图 5-1），因此，该区长 8_2 层的烃类充注程度可能较低。

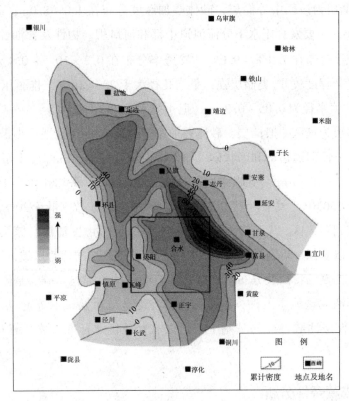

图 5-1　鄂尔多斯盆地长 7 生烃强度平面图

2. 储集条件

长 8_1 亚油层组主要以浅水三角洲前缘沉积为主，砂体发育规模大，沉积期次多，连片性好。此外，长 8_1 砂岩粒度以细粒、中 - 细粒为主，局部发育少量中砂岩，分选性中等以上，主要发育粒间孔，溶蚀孔次之，绿泥石薄膜发育。长 8_1 亚油层组具备良好的储集石油的能力。

3. 盖层特征

盖层是防止石油逸出，有利于石油聚集成藏的重要条件之一。一般情况下，盖层主要以泥岩为主，分为区域性盖层和局部盖层。区域性盖层是指区域上广泛发育的烃源岩能够对下覆以砂岩为主的储集层起到良好遮挡作用；而局部盖层主要发育在局部构造或局部构造的某些部位，仅对一个地区的石油的局部的聚集与保存起到限制性遮挡作用。对长 8_1 亚油层组起到良好遮挡作用的盖层是发育在其上部、长 7 底部的以泥岩为主的烃源岩，能够有效抑制石油的逸散。

4. 圈闭条件

结合前人研究可知，环江地区长 8_1 亚油层组圈闭类型主要为岩性 – 构造复合圈闭和单一岩性圈闭。长 8_1 亚油层组岩性 – 构造复合圈闭主要发育在鼻状隆起构造带处，其与砂体展布方向垂直，有效控制了石油的逸出与扩散。而岩性圈闭的形成主要是由于长 8_1 亚油层组沉积微相发生变化形成的岩性遮挡，如在水下分流河道向分流间湾过渡处，分流间湾对河道砂岩中的石油进行了有效遮挡。

5. 输导及保存条件

石油成藏是石油在运移动力的作用下能够在运移通道中流动从而找到适合聚集的场所的过程。长 8_1 亚油层组砂体沉积期次多、厚度大、连通性好，为石油的运移和聚集提供了充足的空间和通道。此外，长 8_1 亚油层组发育垂直或高角度、具有"小切深、小开度、小间距"的裂缝，对运移石油起到了积极作用。因此，长 8_1 亚油层组具有有效运移石油的输导体系。

具有较好的保存条件也有利于油藏在地质历史的长期保存。环江地区位于鄂尔多斯盆地伊陕斜坡西南部，构造稳定，不发育断层，对油藏起到长期、稳定的保存作用。

三、有利区优选依据

通过对长 8_1 油藏特征及分布规律进行分析，结合沉积微相及砂体展布特征、储层特征，总结有利区优选依据，能够为后续建立有利区优选标准奠定基础。

1. 沉积相及砂体展布特征

一般而言，沉积物粒度大，骨架颗粒间孔隙体积大，有利于油气储集和运移，因此，有利区通常在砂体上行进行预测，砂体展布特征也成为有利区预测的重点考虑因素之一。通常情况下，砂体连续沉积厚度与物性及含油性有正相关关系。此外，沉积相是影响砂体展布规律的重要因素。罗 247 区长 8_1 储层以浅水三角洲前缘沉积为主，其中，水下分流河道偶尔发育的河口坝厚层砂体发育，是有利区优选的主要区域。

2. 储层物性特征

孔隙度、渗透率越大说明储层具有越充足的空间，且连通性越好，因此，储层孔渗高值区对有利区预测具有指示性意义。通常情况下，平面上有利高产区主要分布在孔渗高值区。因此，罗247区长8$_1$储层主孔隙度大于8%、渗透率大于$0.3 \times 10^{-3} \mu m^2$的孔渗高值区是有利区优选的重点区域。

3. 储层分类结果

储层评价的目的是在平面上优选出有利于储集和运移石油能力强的高孔高渗区，因此，储层评价对有利区优选有着指导性意义。本章将分析如何在Ⅱ$_A$类和Ⅱ$_B$类储层基础上优选有利区。

4. 油藏特征

油藏分布特征是有利区预测的前提与基础。一般而言，平面上有利高产区主要分布在油层厚度大的区域。因此，罗247区长8$_1$储层油层厚度大于4m的区域为重点优选区域。

5. 试油结果

试油结果是储层中油藏含量的真实反映。试油结果好的区域一般是石油高产区。因此，真实试油资料的使用对有利区优选有积极作用。

四、有利区优选标准

综合以上研究结果，在储层分类评价基础上，建立罗247区长8$_1$储层有利区预测标准(表5-2)。

表5-2　罗247区长8$_1$储层有利区预测标准

分类参数	有利区分类		
	Ⅰ类	Ⅱ类	Ⅲ类
叠加砂体厚度/m	>8.0	8.0~6.0	6.0~4.0
砂地比	>0.6	0.6~0.5	0.3~0.5
沉积微相	水下分流河道	水下分流河道，河口坝	水下分流河道
储层类型	Ⅱ$_A$类	Ⅱ$_A$类、Ⅱ$_B$类	Ⅱ$_B$类
孔隙度/%	>10.0	10.0~9.0	9.0~8.0
渗透率/$10^{-3}\mu m^2$	>0.5	0.5~0.4	0.4~0.3
油层厚度/m	>6.0	6.0~4.0	4.0~2.0
平均试油日产油量/t	>15.0	8.0~15.0	<8.0

Ⅰ类有利区主要对应Ⅱ$_A$类储层，储层孔渗值大。叠加砂体厚度大于8m，孔隙度大于10%，渗透率大于$0.5 \times 10^{-3}\mu m^2$，有效油层厚度大于6.0m，平均试油

日产量大于15.0t。

Ⅱ类有利区主要对应ⅡA类、ⅡB类储层，储层物性好。叠加砂体厚度为6~8m，孔隙度为9%~10%，渗透率为$0.4 \times 10^{-3} \sim 0.5 \times 10^{-3} \mu m^2$，有效油层厚度为4.0~6.0m，试油日产量为8~15t。

Ⅲ类有利区主要对应ⅡB类储层，储层物性较好，试油产量较低，日产量低于8.0t。叠加砂体厚度为4~6m，孔隙度为8%~9%，渗透率为$0.3 \times 10^{-3} \sim 0.4 \times 10^{-3} \mu m^2$，有效油层厚度为2~4m。

五、有利区预测结果

结合试油资料及有利区预测标准，共优选出Ⅰ类有利区2个，Ⅱ类有利区6个，Ⅲ类有利区5个，预测面积为28.52km²，控制地质储量为482.68×10^4t（表5-3）。

表5-3 罗247区有利区预测结果统计表

有利区类型	层位	井区	有利区面积/km²	砂体厚度/m	油层厚度/m	孔隙度/%	渗透率/$10^{-3} \mu m^2$	最大试油日产量/t	储量/10^4t
Ⅰ型	长8_1^{2-2}	罗276	1.47	9.90	7.92	10.57	0.45	20.10	41.46
	长8_1^{2-1}		1.94	8.20	8.20	11.49	0.62		61.58
			3.41	9.05	8.06	11.03	0.54	20.10	102.13
Ⅱ型	长8_1^{2-2}	罗351	2.86	8.43	5.44	8.59	0.34	12.75	45.03
	长8_1^{2-1}		3.37	9.32	6.90	8.65	0.38		67.76
	长8_1^{2-2}	罗327	4.52	9.90	6.50	8.98	0.35	15.56	88.88
	长8_1^{2-1}		3.79	6.97	4.03	8.22	0.44		42.30
	长8_1^{2-2}	罗369	0.97	8.56	5.56	7.70	0.37	13.00	13.99
	长8_1^{2-1}		0.74	8.26	7.40	7.94	0.41		14.65
			16.25	8.57	5.97	8.35	0.38	13.77	272.87
Ⅲ型	长8_1^{2-1}	巴202	1.71	5.40	5.40	7.99	0.26	5.44	24.86
	长8_1^{2-2}	罗328	1.87	7.54	3.14	9.30	0.37	5.36	18.40
	长8_1^{2-1}		1.65	5.46	2.73	10.23	0.48		15.52
	长8_1^{2-2}	罗317	1.63	5.05	4.10	9.41	0.34	5.44	21.19
	长8_1^{2-1}	巴201	2.00	6.60	5.28	6.74	0.21	8.16	23.98
			8.86	6.01	4.13	8.73	0.33	6.10	107.67
			28.52	7.66	5.58	8.91	0.39	13.32	482.68

1. 长 8_1^{2-2} 小层有利区预测结果

长 8_1^{2-2} 小层预测有利区 6 个，其中，Ⅰ 类有利区 1 个，面积为 1.47km²；Ⅱ 类有利区 3 个，面积为 8.35km²；Ⅲ 类有利区 2 个，面积为 3.50km²（表 5 − 4）。

表 5 − 4　长 8_1^{2-2} 小层有利区参数统计表

有利区类型	序号	井区	有利区面积/km²	完钻井数/口	砂体厚度/m	油层厚度/m	孔隙度/%	渗透率/$10^{-3}\mu m^2$	最大试油日产量/t
Ⅰ型	1	罗 276 井区	1.47	6	9.90	7.92	10.57	0.45	20.10
Ⅱ型	2	罗 351 井区	2.86	7	8.43	5.44	8.59	0.34	20.57
	3	罗 327 井区	4.52	4	9.90	6.50	8.98	0.35	13.52
	4	罗 369 井区	0.97	5	8.56	5.56	7.70	0.37	13.00
Ⅲ型	5	罗 328 井区	1.87	2	7.54	3.14	9.30	0.37	5.36
	6	罗 317 井区	1.63	2	5.05	4.10	9.41	0.34	5.44

如图 5 − 2 所示，Ⅰ 类有利区主要包括目前开发区域西南部的罗 276 井区；Ⅱ 类有利区主要包括目前已开发区域东南部的罗 351 井区、南部的罗 369 井区和研究区东部的罗 327 井区；Ⅲ 类有利区主要包括目前已开发区域东北部的罗 328 井区和南部的罗 317 井区。

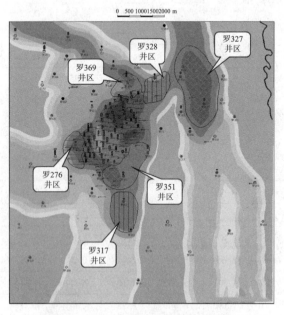

图 5 − 2　长 8_1^{2-2} 小层有利区分布图

2. 长8_1^{2-1}小层有利区预测结果

长8_1^{2-1}小层预测有利区7个，其中，Ⅰ类有利区1个，面积为1.15km²；Ⅱ类有利区3个，面积为9.37km²；Ⅲ类有利区3个，面积为7.34km²（表5-5）。

表5-5　长8_1^{2-1}小层有利区参数统计表

有利区类型	序号	井区	有利区面积/km²	完钻井数/口	砂体厚度/m	油层厚度/m	孔隙度/%	渗透率/$10^{-3}\mu m^2$	最大试油日产量/t
Ⅰ型	1	罗276井区	1.94	6	8.20	8.20	11.49	0.62	20.10
Ⅱ型	2	罗369井区	0.74	5	8.26	7.40	7.94	0.41	13.00
	3	罗351井区	3.37	4	9.32	6.90	8.65	0.38	12.75
	4	罗327井区	3.79	5	6.97	4.03	8.22	0.44	15.56
Ⅲ型	5	巴202井区	1.71	2	5.40	5.40	7.99	0.26	5.44
	6	罗328井区	1.65	3	5.46	2.73	10.23	0.48	5.36
	7	巴201井区	2.00	4	6.60	5.28	6.74	0.21	8.16

如图5-3所示，Ⅰ类有利区主要包括目前已开发区西南部的罗276井区；Ⅱ类有利区主要包括目前已开发区域南部的罗351井区，北部的罗369井区和研究区东部的罗327井区；Ⅲ类有利区主要包括研究区东部的巴202井区，已开发区域北部的罗328井区和西北部的巴201井区。

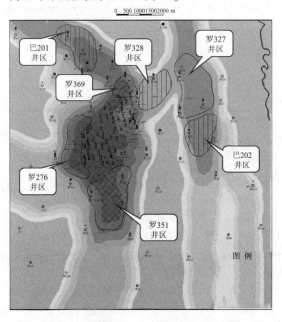

图5-3　长8_1^{2-1}小层有利区分布图

第2节　建产"甜点区"筛选

建产"甜点区"的筛选主要以预测有利区的Ⅰ型和Ⅱ类有利区为主(表5-6),主要包括长8_1储层的罗276井区、罗369井区、罗351井区、罗327井区4个井区,叠合含油面积10.8km²。

表5-6　罗247区建产"甜点区"统计结果

有利区类型	井区	生产层位	预测有利区面积/km²
Ⅰ型	罗276井区	长8_1^{2-1}	1.94
		长8_1^{2-2}	1.47
Ⅱ型	罗369井区	长8_1^{2-1}	0.74
		长8_1^{2-2}	0.97
	罗351井区	长8_1^{2-1}	3.37
		长8_1^{2-2}	2.86
	罗327井区	长8_1^{2-1}	3.79
		长8_1^{2-2}	4.52
合计			10.80

建产"甜点区"的油藏剖面见图5-4~图5-7。

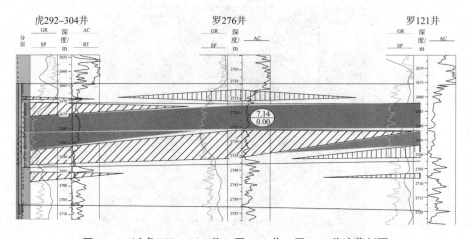

图5-4　过虎292-304井-罗276井-罗121井油藏剖面

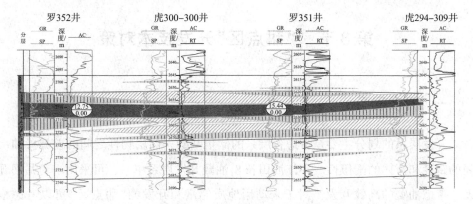

图5-5 过罗352井-虎300-300井-罗351井-虎294-309井油藏剖面

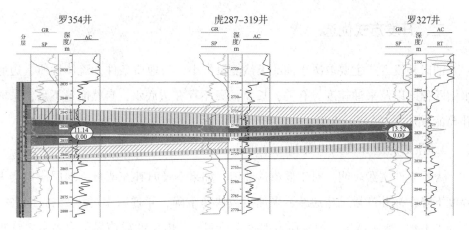

图5-6 过罗354井-虎287-319井-罗327井油藏剖面

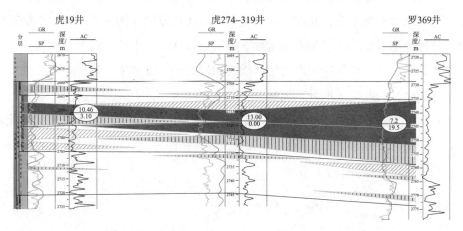

图5-7 过虎19井-虎274-319井-罗369井油藏剖面

第3节 "甜点区"开发技术对策

一、开发层系

开发层系的划分主要是考虑各层系的储量基础、储层物性之间的差异、油层间的跨度和流体的配伍性。环江油田长 8_1 油藏开发层系单一，可采用一套井网开发。考虑油藏的高效开发，对于未动用地质储量和开发的"甜点区"可以考虑根据储层的分类评价结果采用不同的开发井网进行开发。

二、开发方式优选

油田开发方式主要取决于油藏天然能量大小，与地质条件、流体性质、边底水活跃程度以及采油速度等有关，长 8_1 油藏不存在边底水，自然能量不足，采取补充能量开发。

1. 补充能量开发的必要性

大量生产实践表明，对于低渗透油田，如果不及时补充能量，地层压力会大幅度下降，油井产量迅速递减，采油指数快速下降，年递减率可达 25% ~ 45%，每采出 1% 的地质储量，地层压力下降 3 ~ 4MPa。由于低渗透储层应力敏感性很强，当孔隙压力降低后，储层孔隙度和渗透率均急剧减小，受压敏效应的影响，即使孔隙压力再次上升，孔隙度和渗透率也不能恢复到原始水平。低渗透储层的这一特性决定了油井产量和采油指数下降后难以恢复。生产实践及理论研究均表明，对低渗透油田要保持初期的生产能力和较好的开发效果，最好不要让地层压力下降较多，为此应采取补充能量开发。

罗 247 区长 8_1 油藏为岩性油藏，原始驱动类型以弹性溶解气驱为主，天然能量贫乏，按照油藏实际特征选取以下经验公式计算弹性采收率和溶解气驱采收率。

油藏弹性采收率：

$$E_{rb} = \frac{C_t \cdot \Delta p_b}{C_o \cdot \Delta p_b + 1} \qquad (5-1)$$

式中，E_{rb} 为弹性采收率；C_t 为综合压缩系数，MPa^{-1}；C_o 为地层原油的压缩系数，MPa^{-1}；Δp_b 为地饱压差，MPa。

溶解气驱采收率：

$$E_R = 0.2126 \left[\frac{\phi(1 - S_{wi})}{B_{ob}} \right]^{0.1611} \left(\frac{K}{\mu_{ob}} \right)^{0.0979} S_{wi}^{0.3722} \left(\frac{p_b}{p_a} \right)^{0.1741} \quad (5-2)$$

式中，E_R 为溶解气驱采收率；ϕ 为地层孔隙度；S_{wi} 为地层束缚水饱和度；B_{ob} 为饱和压力下的原油体积系数；μ_{ob} 为饱和压力下的地层原油黏度，mPa·s；K 为地层平均绝对渗透率，$10^{-3} \mu m^2$；p_b 为饱和压力，MPa；p_a 为油田开发结束时的地层废弃压力，MPa。

经计算，罗 247 区长 8_1 油藏的弹性采收率为 2.09%，溶解气驱采收率为 7.36%，自然能量采收率低。

探评井试采也表明，自然能量开采，地层供液不足，油井产量递减快。图 5 – 8 所示为罗 158 井长 8 油藏自然能量开采曲线，前 3 个月递减率为 40.4%。

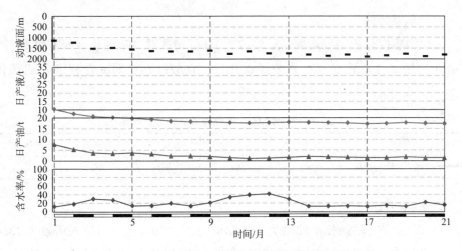

图 5 – 8　环江油田罗 158 井长 8 油藏自然能量生产曲线

同类油藏开发实践证明，采用自然能量开发，地层压力、油井液面下降快，产量递减大，采收率低。注水开发可以有效降低递减，提高采收率。

罗 247 区长 8_1 油藏目前已进行了注水开发。含水率与采出程度关系曲线（图 5 – 9）显示，目前的开发方式下，预测水驱采收率接近 15%，即通过注水，可以在弹性和溶解气驱基础上再提高采收率 6% 左右。

综上所述，为了实现油井稳产，提高最终采收率，罗 247 区长 8_1 油藏需采用补充能量开发。

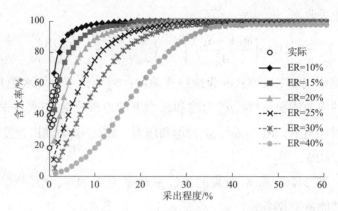

图5-9 罗247区长8₁油藏含水与采出程度关系曲线

2. 注水开发的可行性

1）储层敏感性

储层敏感性分析结果表明（表5-7），环江地区罗247区长8₁储层水敏性、速敏性和盐敏性均较弱，有利于注水开发，且酸敏性也弱，有利于后期酸化改造。

表5-7 罗247区长8₁储层敏感性分析结果

区块	层位	水敏性	速敏性	酸敏性	盐敏性	碱敏性
罗247区块	长8₁小层	弱	弱	弱	弱	无

2）水驱油效率

环江油田罗247区长8₁油藏无水期驱油效率为29.1%，当注入倍数为13.4时，最终驱油效率可达到53.2%（表5-8）。由此可见，采用注水开发，可大大提高本区油藏采收率。

表5-8 罗247区长8₁储层水驱油试验数据表

层位	无水期驱油效率/%	含水率为95%时		含水率为98%时		最终期	
		驱油效率/%	注入倍数	驱油效率/%	注入倍数	驱油效率/%	注入倍数
长8₁小层	29.1	39.92	1.25	45.92	3.77	53.23	13.43

3）矿场实践分析

环江油田罗247区长8₁储层吸水能力较强，单井日注水量保持在12~27m³；平均注水压力16.8MPa，单井吸水能力稳定，视吸水指数为1.2~1.8m³/（d·MPa），平均为1.4m³/（d·MPa）。从已开发区域的注水开发效果看

（图5-10），通过注水，能够减缓产量递减趋势，起到较好稳产效果。

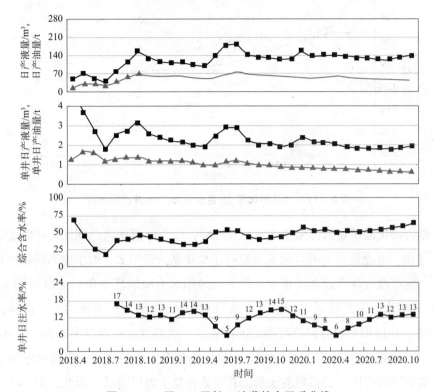

图5-10 罗247区长8_1油藏综合开采曲线

在油层分布相对稳定的罗327区Ⅱ类建产有利区部署水平井（水平段长1000m），模拟自然能量开发和注水开发（五点法）。

从模拟结果可以看出，前5年初期产能自然能量开发与注水开发差异小，5年后注水开发产能比自然能量高，因此，水平井开发时前期可自然能量开发，后期采用注水开发。

综上所述，环江油田罗247区长8_1油藏均采用注水开发是切实可行的。

3. 注入方式和时机选择

长庆油田特低渗、超低渗油藏的不同注水时机开发实践证明，超前或早期注水能够保持较高的驱替压力系统，油井初产高，稳产期长，有利于提高单井产量和最终采收率。

根据环江长8油藏罗38区开发经验可知，超前注水区采油井八个月后单井产能（2.1t/d）明显高于滞后注水区（1.7t/d），递减率（31.3%）明显小于滞后注水区（38.7%）（图5-11）。

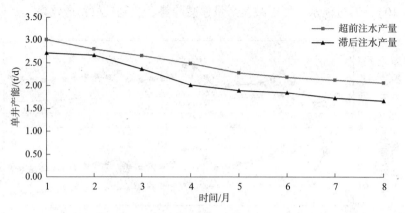

图 5 –11　环江油田罗 38 区长 8₁ 油井单井产能曲线

结合长庆油田超低渗储层注水开发经验，综合分析认为，环江地区罗 247 区长 8₁ I 型、II 型建产有利区可采用超前注水开发。近年来，由于储集层物性越来越差，压裂改造规模及强度也相应加大，采用水力喷砂环空加砂分段多簇压裂，具有"排量大、入地液量大和返排率低"的特点，水平井压裂液的平均返排率仅为 40%，地层中平均滞留量高达 3000m³ 以上，大斜度井的返排率为 30% ~ 40%，地层中平均滞留量为 850 ~ 1000m³。大量压裂液滞留水平井或大斜度井缝网系统中形成相对高压区，类似超前注水，有效地补充了地层能量，因此，罗 247 区长 8₁ 油藏在采用超前注水开发时需考虑液体滞留量，结合目前已开发区域大斜度井的开发状况，超前注水量不宜过大，且需要温和超前注水，推荐超前注水 9 个月，日注 8m³。若采用水平井开发，考虑到地层中液体滞留量更大，且注水后见水风险较大，因而可滞后注水。

考虑到前 5 年自然能量开采产能与注水开发差异小，因此，设置长水平井(水平段 1000m)五点法同步注水，滞后注水 4 年、5 年、6 年，模拟并比较开发效果。

相比而言，受含水影响，滞后注水比同步注水开采效果明显更好。总体随滞后时间延长，最终累产油量呈增加趋势，但增加幅度越来越低。因此，推荐水平井前 5 年采用自然能量开发，5 年后采用五点法注水开发。

4. 采收率标定

主要采用类比法、经验公式法等方法进行计算，其中既有行业标准推荐的方法，也有适合长庆的自选方法。方法及计算结果如下。

1)经验公式法

(1)经验公式 1：

$$E_R = 0.274 - 0.1116\lg\mu_R + 0.09746\lg K - 0.0001802hf - 0.06741V_K + 0.0001675T$$

$$(5-3)$$

式中，E_R 为最终采收率；μ_R 为油水黏度比；K 为平均空气渗透率，$10^{-3}\,\mu m^2$；h 为油层有效厚度，m；f 为井网密度，ha/口（$1ha = 1\times10^4 m^2$）；T 为油层温度，℃；V_K 为渗透率变异系数。

（2）经验公式2：

$$E_R = 0.058419 + 0.084612\lg\frac{K}{\mu_o} + 0.3464\phi + 0.003871s \qquad (5-4)$$

式中，E_R 为最终采收率；K 为平均空气渗透率，$10^{-3}\,\mu m^2$；μ_o 为地层原油黏度，mPa·s；ϕ 为平均有效孔隙度；s 为井网密度，口/km^2。

（3）经验公式3：

$$E_R = 0.2143\left(\frac{K}{\mu_o}\right)^{0.1316} \qquad (5-5)$$

（4）经验公式4：

$$E_R = 0.135 + 0.165\lg\left(\frac{K}{\mu_R}\right) \qquad (5-6)$$

（5）经验公式5：

$$E_R = 0.0745\lg\left(\frac{K}{\mu_o}\right) + 0.6412\phi + 0.9805S + 0.1297h + 0.1893 \qquad (5-7)$$

采用上述公式计算罗247区长 8_1 油藏的采收率结果如表5-9所示。

表5-9　罗247区长 8_1 油藏经验公式法预测采收率表

油藏	经验公式1	经验公式2	经验公式3	经验公式4	经验公式5
长 8_1 油藏	17.8	16.5	16.7	16.2	17.0

2）类比法

类比法是根据已开发同类油藏的标定采收率来确定新探明或新投入开发油藏的采收率的方法。

对比同类型的开发区块油藏埋深、油层厚度、物性、原油性质等方面的差异，长 8_1 油藏水驱采收率为16.5%。

根据行业标准和长庆油田已开发油田采收率标定方法筛选结果，采用验公式法、类比法进行采收率计算，确定了罗247区长 8_1 油藏水驱采收率为16.5%。从目前已开发区域的水驱特征预测结果看，在目前开发方式下，水驱采收率为15%左右，需采取措施提高水驱效果。

三、井型优选

环江油田长 8 油藏耿 73 区和罗 247 区 2018 年采用丛式井体积压裂超前注水开发，投产 122 口，初期单井产量 2.1t，含水率为 34.3%。2019 年继续在耿 73、罗 247 等Ⅰ类油藏扩边建产，油层发育隔夹层，为进一步提升开发效果，采用大斜度井超前注水开发。从开发效果来看，大斜度井初期产能高，但由于部分井改造规模偏大，且对应注水井超前注水量偏大，导致大斜度井裂缝性水淹，产能递减快，需要优化大斜度井改造规模及超前注水量。

针对罗 247 区长 8_1 油藏Ⅰ类有利区设计两种井网大斜度矩形井网和定向井菱形反九点井网，超前注水开发，超前注水量为 2250m³，模拟开发效果。

模拟结果显示，在超前注水量合适的情况下，虽然大斜度井含水要比定向井略高，但大斜度井开发产能比定向井明显更高。

由同类油藏开发经验可知，姬塬油田黄 220 井区长 8_1^1 油藏物性较差，平均渗透率为 $0.26 \times 10^{-3} \mu m^2$，定向井开发效果较差，产量较低，2018 年开展短水平井试验开发，投产水平井 3 口，平均日产油 12.5t，含水率为 18.5%，开发效果较好，2019 年继续沿用短水平井开发，井网方式采用细分切割短水平段的五点法注水井网，井距 400m，排距 100m，水平段长 400m。因此，针对罗 247 区油层分布相对稳定的Ⅱ类有利区，为了实现效益开发，借鉴同类油藏开发经验，建议采用水平井开发。

综合分析，环江油田罗 247 区长 8_1 油藏Ⅰ类有利区采用大斜度井超前注水开发，Ⅱ类有利区采用水平井开发（前期自然能量，后期注水）。

四、井网系统优化

1. 大斜度井井网系统

1）井排方向

同类油藏开发经验表明，注水井排方向平行于主应力方向，使注入水垂直裂缝走向向采油井方向驱油，有利于避免裂缝性水淹，最大限度地提高波及体积，从而取得较好的开发效果。

2017 年，在环江长 8 罗 38 井区实施注水井压裂 2 井次（江 87 - 43 井、江 89 - 43 井），开展井中微地震监测 2 井次（地 553 - 42 井、江 90 - 42 井）。其中，第一组：压裂监测共识别 13 组微地震事件，监测储层压裂裂缝带长度约为 197.0m，主要裂缝宽度为 33.0m，主要裂缝高度为 20.0m，裂缝方位为 NE53°。

第二组：压裂监测共识别 56 组微地震事件，相比江 87 – 43 井事件更可靠，监测储层压裂裂缝带长度约为 309.0m，主要裂缝宽度为 70.0m，主要裂缝高度为 29.0m，裂缝方位为 NE67°。

根据环江油田成像资料显示，环江长 8 储层发育高角度微裂缝，裂缝走向主要方向为 NE70°左右。根据邻区最大主应力测试结果，结合盆地地应力分布规律及其他油田地应力测试结果(最大主应力方位为 NE65° ~ NE90°，表 5 – 10)，确定环江油田罗 247 区长 8_1 油藏最大主应力方位为 NE70°左右，从罗 247 区目前开发区域见水方向也在 NE70°左右，因此，井排方向确定为 NE70°。

表 5 – 10　鄂尔多斯盆地各油田最大主应力方位测试结果表

油田	层位	最大主应力方位
华池油田	长 3 层	NE79° ~ NE83.6°
南梁油田	长 4 + 5 层	NE82.3° ~ NE87.8°
安塞油田	长 6 层	NE55.6° ~ NE78.1°
靖安油田	长 6 层	NE69° ~ NE81°
南梁油田	长 4 + 5 层	NE82.3° ~ NE87.8°
西峰油田	长 8 层	NE70° ~ NE90°
姬塬油田	长 8 层	NE67.6° ~ NE77.0°
	长 4 + 5 层	NE67.8° ~ NE75.6°

2)井网形式

针对罗 247 区储层裂缝发育特征，应用矩形井网，同时借鉴水平井开发理念，针对超低渗油藏隔夹层发育，纵向多油层叠合等特点，应用大斜度井多段压裂开发(图 5 – 12)，增大压裂缝与油层的接触体积，降低缝间干扰，达到提高单井产量的目的。

华庆油田山 177 井区长 6 储层物性同样较差，平均渗透率为 $0.29 \times 10^{-3} \mu m^2$，属于超低渗储层，从 2019 年开始进行了规

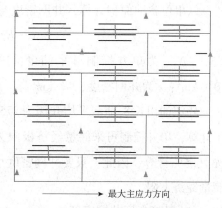

最大主应力方向

图 5 – 12　大斜度矩形井网示意图

模大斜度井开发，目前共有 100 口大斜度井开采，日产液 318.8m³，日产油 119.2t，平均单井日产液 3.19m³，单井日产油 1.19t，综合含水率为 48.0%，动液面 1203m，累产油量 8.03×10⁴t。对应定向井注水井 49 口，日注水 1038m³，单井日注水 21.2m³，月注采比 3.45，累计注采比 2.88。山 177 井区采用的是矩形井网，井排距为 400m×120m，在该井网和井距下，见效比例为 78.1%，见效类型以稳产型和增产型为主，开发效果较好。

因此，推荐罗 247 区长 8₁ 油藏 Ⅰ 类有利区采用大斜度矩形井网开发。

3）井网密度

科学合理的井网密度既要使井网对储层的控制程度尽可能地大，能建立有效的驱替压力系统，使单井控制可采储量高于经济极限值，又要满足油田的合理采油速度、采收率及经济效益等指标。

（1）满足标定水驱采收率的井网密度要求。

中国石油勘探开发研究院根据我国 144 个油田或开发单元的实际资料，按流度统计出最终采收率与井网密度的经验公式。

当流度小于 5 时，最终采收率与井网密度的经验公式如下：

$$E_{\mathrm{R}} = 0.4015 e^{-10.148/f} \qquad (5-8)$$

式中，E_{R} 为原油最终采收率；f 为井网密度，ha/口。

环江油田长 8₁ 油藏地层原油黏度为 1.11mPa·s，流度为 $0.24×10^{-3}$ μm²/（mPa·s），满足经验公式条件，按注水开发最终采收率 18.0% 计算，相应的井网密度下限为 7.9 口/km²。

（2）满足单井控制可采储量经济下限的井网密度要求。

以单位含油面积计算，井网密度与单井控制可采储量有如下关系：

$$a \cdot E_{\mathrm{R}} = s \cdot N_{k\min} \qquad (5-9)$$

式中，$N_{k\min}$ 为单井控制可采储量，10^4t/口；E_{R} 为采收率，%；a 为储量丰度，10^4t/km²；s 为井网密度，口/km²。

环江油田长 8₁ 油藏平均井深为 2750m，在油价为 45 美元/桶时，评价期按 20 年计算，单井控制可采储量经济极限为 0.55×10⁴t/口。该区长 8₁ 油藏最终采收率按 16.5% 计算，因此，只要井网密度小于 14.7 口/km²，就能满足单井控制可采储量经济下限。

（3）经济合理井网密度。

俞启泰等在谢尔卡乔夫公式的基础上，引入经济学投入与产出的因素，推导出计算经济最佳井网密度和经济极限井网密度的方法，经济最佳井网密度是指总产出减去总投入达到最大时，即经济效益最大时的井网密度，经济极限井网密度是总产出等于总投入，即总利润为 0 时的井网密度。其简要计算方法如下：

$$\alpha s_{b} = \ln \frac{N \cdot V_{o} \cdot T \cdot \eta_{o} \cdot c \cdot a(L-P)}{A \cdot \left[(I_{D} + I_{B})(1 + \frac{T+1}{2}r) \right]} + 2\ln s_{b} \qquad (5-10)$$

$$\alpha s_{m} = \ln \frac{N \cdot V_{o} \cdot T \cdot \eta_{o} \cdot c(L-P)}{A \cdot \left[(I_{D} + I_{B})(1 + \frac{T+1}{2}r) \right]} + \ln s_{m} \qquad (5-11)$$

式中，α 为井网指数(根据试验或经验公式求得)，ha/口；s_{b} 为经济最佳井网密度，ha/口；N 为原油地质储量，t；V_{o} 为评价期间平均可采储量采油速度；T 为投资回收期，a；η_{o} 为驱油效率；c 为原油商品率；L 为原油售价，元/t；P 为原油成本价，元/t；A 为含油面积，ha；I_{D} 为单井钻井(包括射孔、压裂等)投资，元；I_{B} 为单井地面建设(包括系统工程和矿建等)投资，元；r 为贷款年利率；s_{m} 为经济极限井网密度，ha/口。

综合钻井成本为 2200 元/m，投资贷款利率为 5.76%，原油商品率为 95.79%。用交汇法计算出：油价为 45 美元/桶时，长 8 油藏经济最佳井网密度为 12.5 口/km^{2}，经济极限井网密度为 19.4 口/km^{2}。

根据"加三分差"的原则，即在经济最佳井网密度的基础上，加最佳与经济极限井网密度的差值的三分之一，作为经济合理井网密度，表达式如下：

$$s_{r} = s_{b} + \frac{s_{m} - s_{b}}{3} \qquad (5-12)$$

按上式计算，长 8 油藏的合理井网密度为 15.6 口/km^{2}。

综合以上几种方法，考虑到罗 247 区长 8$_{1}$ 油藏储层致密，有效压力驱替系统建立缓慢，且后期加密调整效果差，建议适当增加井网密度，因此，确定罗 247 区长 8$_{1}$ 油藏网密度为 18 口/km^{2} 左右。

4)井距、排距的确定

应用压裂井的生产动态资料进行拟合，确定出单段入地液量与人工裂缝有效半缝长之间的关系(图 5-13)，大斜度井单段入地液量在 400m^{3} 左右，人工压裂缝有效半长为 150m 左右，因此，确定大斜度井矩形井网的井距为 400m 左右。

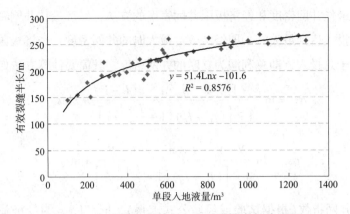

图5-13 单段入地液量与有效裂缝半长关系图

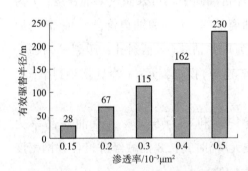

图5-14 不同渗透率有效驱替半径

低渗透油藏储层物性越低,启动压力梯度越高,考虑启动压力梯度的影响,为保证注采井间建立起有效的驱替压力系统,要求注采井间任一点的驱替压力梯度均大于启动压力梯度。根据不同渗透率下注采井间压力梯度图版,计算得出不同渗透率下有效驱替压力系统的极限排距如图5-14所示。

大斜度井部署区渗透率$0.3 \times 10^{-3} \sim 0.4 \times 10^{-3} \mu m^2$,对应建立有效驱替压力系统的极限排距为115~162m。同时,参照同类油藏开发经验,排距取120m。

5)大斜度段长度及裂缝布放模式

借鉴水平井开发经验,同时为了尽量增加斜井段的压裂改造段数,保证改造点间平面上存在一定的距离。大斜度井斜井段长度推荐为80~100m。根据渗流场分布特征,主向井为预防斜井段见水风险,裂缝布放模式设计为纺锤形。

因此,推荐罗247区Ⅰ类有利区采用大斜度井网开发,井网形式采用矩形井网,井排距为400m×120m。

2.水平井井网系统

水平井井网系统取决于油藏地质条件、主应力方向及流体性质等因素。近年来,长庆油田以渗流场理论为依据,通过采用油藏数值模拟等方法,结合水平井实施经验,不断探索水平井井网系统,初步形成了五点水平井井网系统。

1）水平井方位

（1）渗流理论。

根据各向异性地层水平井产能模型（图5-15）其计算公式可以看出，当水平井平行于裂缝方向时（$\alpha=0$），水平井产能最小；而当水平井垂直于裂缝方向时（$\alpha=\dfrac{\pi}{2}$），水平井产能达到最大。

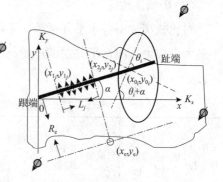

图5-15　各向异性地层水平井产能模型

各向异性地层水平井产能表达式为：

$$Q = \frac{542.9Kh(p_e - p_w)}{\mu\ln\dfrac{2r_e\sqrt{\cos^2\theta_e + \beta^2\sin^2\theta_e}}{l\sqrt{\cos^2\alpha + \beta^2\sin^2\alpha}}} \qquad (5-13)$$

各向异性地层水平井渗流场理论研究表明，水平井垂直于裂缝方向时产量最高。

（2）数值模拟。

水平井段方位应垂直于最大主应力方向，保证在压裂工艺上对水平井实现最佳的压裂效果，有利于提高储量控制程度和单井产能。

数值模拟水平段与最大主应力夹角分别设为0°、30°、45°、60°、75°、90°（图5-16），单井产量结果显示，水平段与裂缝优势方向（最大主应力方向）夹角为90°时开发效果最好（图5-17）。

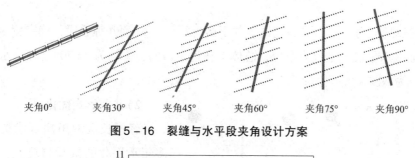

夹角0°　　夹角30°　　夹角45°　　夹角60°　　夹角75°　　夹角90°

图5-16　裂缝与水平段夹角设计方案

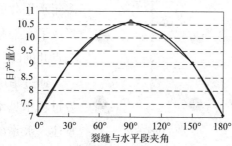

图5-17　日产量随裂缝与水平段夹角变化曲线图

(3)矿场实践。

对比长庆油田各水平井试验区不同水平段方位开发效果发现，水平井段垂直于最大主应力方向水平井初期产量高、生产时间长、累计产油量高、开发效果较好(表5-11)。

表5-11 不同方位水平井方位开发效果对比表

水平井段方位	区块	完钻井数/口	目的层	实际水平段长度/m	钻遇油层/m	试油			初期产量		水平井/直井初期产量	水平井与直井累积产油量比(按时间)
						段数	油量/(t/d)	水量/(m³/d)	油量/(t/d)	含水率/%		
垂直于最大主应力	高52区块	6	长10层	338.2	246.0	5.8	103.0	10.9	17.9	7.3	3.9	4.2
	罗1区块	17	长8层	452.5	334.1	6.4	42.8	0.0	8.7	15.7	3.4	3.3
平行于最大主应力	高52区块	2	长10层	237.7	248.0	4.0	59.35	0	11.3	10.3	1.9	2.3
	庄40区块	1	长6层	502.0	122.6	4.0	39.5	0	2.5	36.9	1.2	0.7

对比长庆油田各水平井试验区不同水平段方位开发效果发现，水平井段垂直于最大主应力方向水平井初期产量高，生产时间长，累计产油量高，开发效果较好。

通过地应力、室内岩心测试、井下微地震、5700测井等手段，确定罗247区长8_1油藏水平最大主应力方位，总体上在近东西向，平均为NE70°，确定水平井段方位为NE160°。

2)井网形式优化

经过长庆油田超低渗透油藏多年水平井的试验与攻关，主要形成了水平井五点井网和水平井七点井网(图5-18)。

通过华庆长6元284区块开发过程中见水情况分析，该区共见注入水井6口，七点井网4口，占井网总井数的14.3%，判明来

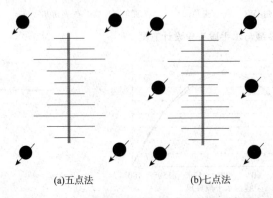

(a)五点法　　　(b)七点法

图5-18 水平井五点法和七点法井网示意图

水方向井 3 口，均为腰部；五点井网 2 口，占井网总井数的 5.3%，判明来水方向井 1 口。统计结果表明，七点井网比五点井网水平井见水风险大，主要原因为七点井网中间注水井受水平井改造影响，易造成水窜。另外，华庆山 156 井区长 6 油藏主要采用的是七点井网，腰部易见水，通过腰部注水井的停注，6 口水平井水淹井含水下降明显，产量得到有效提高。

在罗 327 有利区部署水平井五点法和七点法注采井网，对比开发效果。可以看出，五点法注采井网累产油比七点法高，七点法注采井网含水率比五点法高。且从模拟水驱效果（图 5 - 19）可以看出，水平井七点法腰部明显见水。

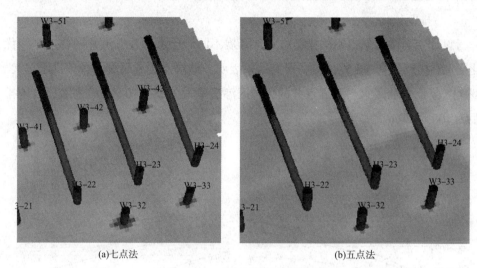

(a)七点法   (b)五点法

图 5 - 19　七点法和五点法水驱效果

矿场实践和数值模拟对比分析可知，七点法井网比五点法井网水平井见水风险大，这主要是因为七点井网中间注水井受水平井改造影响，易造成水窜。因此，推荐采用水平井五点注水井网。多段压裂时，可采用纺锤形，增加腰部原油动用程度。

通过以上分析，建议环江油田罗 247 区长 8_1 油藏 II 类有利区采用水平井五点注水井网。

3）水平井参数优化

（1）井距优化。

数值模拟计算在裂缝密度、注水井和油井工作制度相同时，通过应用考虑天然裂缝及非达西渗流的油藏数值模拟方法，模拟计算不同井距对开发效果的影响，五点井网井距为 400 ~ 500m 时开发效果较好。

长庆油田长 8 水平井井底微地震监测的裂缝带平均半长介于 180～250m 之间。井下微地震裂缝监测和矩张量反演解释结果表明，有效支撑缝长是微地震长度的 50%，即有效支撑缝长介于 90～125m 之间。考虑目前压裂改造工艺适当增大改造规模强度的前提下，预计长 8 油藏水平井压裂有效半缝长为 200m 左右。考虑到注水井到缝端的驱替压差大于启动压力梯度，确定注采井距为 400m 左右。

为实现建立水平井之间缝网系统，扩大及体积波及系数的目的，借鉴致密油藏及长庆油田直井井距经验，参考水平井压裂改造提高加砂量、提高排量参数，得出环江地区罗 247 区长 8 油藏水平井开发合理井距为 500m。

(2)排距优化。

设计不同渗透率、不同排距方案，开展不同储层水平井五点井网合理排距优化研究(图 5 – 20、图 5 – 21)，研究结果表明，储层渗透率越大，合理排距越大。罗 247 区长 8$_1$ 油藏水平井五点井网建产区渗透率为 $0.28 \times 10^{-3} \mu m^2$ 左右，合理排距为 100～120m。

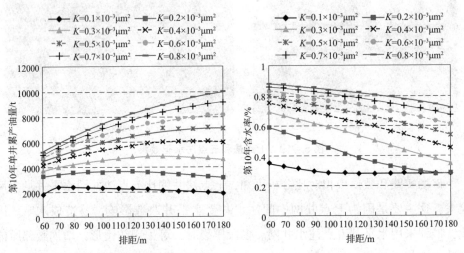

图 5 – 20　不同方案下单井累产油量对比曲线　图 5 – 21　不同方案下含水率对比曲线

在极限驱动排距离认识的基础上，为了实现有效驱替，考虑启动压力梯度的影响，建立了井距/排距比模型，依据主侧向渗透率级差为 2.5～3.5，计算两端注水井距离水平段端点排距为 90～110m。

综合以上分析，目前排距条件下可有效补充地层能量和提高采油速度，分析认为 100～120m 为合理排距。

(3)水平段长度的优化。

同样含油面积下，设置短水平井(400m)和长水平井(1000m)，分别进行自然能量和五点法开发模拟，预测开发效果。

模拟结果显示，长水平井不管是自然能量开采还是注水开发，累产油量均高于短水平井。自然能量开采两者含水差异很小，注水开发，短水平井含水率高于长水平井。因此，推荐罗 247 区长 8_1 储层 II 类建产"甜点区"采用长水平井（1000m）开发。

综合以上方法，同时考虑建产区油藏砂体展布特征，确定长 8_1 储层 II 类建产"甜点区"采用长水平井（1000m）开发，前 5 年采用自然能量开发，5 年后转五点法注水开发，井排距为 500m×120m。

五、压力系统优化

1. 合理地层压力保持水平

由于超低渗油藏压力系数低，压力敏感性强，启动压力梯度大，有效驱替压力系统难以建立，需采用超前注水提高地层压力水平。

根据油藏真实启动压力梯度曲线（图 5 - 22），计算出不同注采距离时渗透率与注采井间有效驱替压差曲线（图 5 - 23），然后绘制出不同有效注采井距时，油藏渗透率与超前注水压力水平曲线（图 5 - 24），由此确定罗 247 区长 8_1 油藏在 100 ~ 120m 井排距下，超前注水合理压力保持水平为 120%。

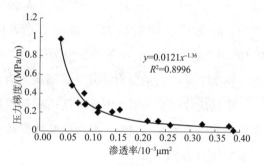

图 5 - 22　储层渗透率与启动压力梯度关系曲线

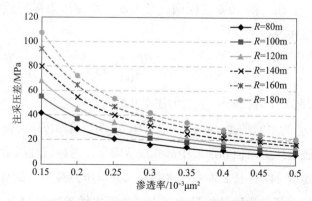

图 5 - 23　渗透率与注采井间有效驱替压差曲线

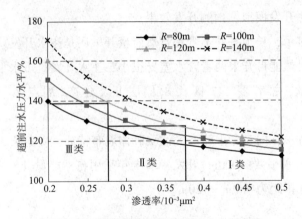

图 5 –24　渗透率与超前注水压力水平曲线

2. 注水井井口最大注水压力

1）油层破裂压力

根据水力压裂造缝机理，对于压裂形成垂直缝的情况，破压可用下式计算：

$$p_f = \Delta p_f \cdot H \tag{5 – 14}$$

式中，p_f 为油层破裂压力，MPa；Δp_f 为破裂压力梯度，MPa/10m，一般为 0.16 ~ 0.23MPa/10m；H 为油层中部深度，m。

罗 247 区长 8_1 油层折算井底破裂压力为 44.0 ~ 63.3MPa，平均为 54.2MPa。

矿场统计结果表明，罗 247 区长 8_1 油层井口平均破裂压力为 28.7MPa，折算井底破裂压力为 55.7MPa。综合经验计算及矿场统计结果可知，罗 247 区长 8_1 油层破裂压力为 54.9MPa。

2）注水井井口最大注水压力

注水井最大流动压力主要受地层破裂压力的限制，依据低渗透储层注水井最大流压不超过破裂压力的 90% 的原则，考虑油管摩擦压力损失后的注水井最大井口注入压力公式为：

$$p_{fmax} = 0.9 p_f - \frac{H \cdot \gamma_w}{100} + p_{tL} \tag{5 – 15}$$

式中，p_f 为油层破裂压力，MPa；p_{fmax} 为注水井最大井口注入压力，MPa；H 为油层中部深度，m；γ_w 为水的密度，g/mL，取 1.0；p_{tL} 为油管摩擦压力损失，MPa。

根据油层破裂压力取值和油层中部深度等参数，考虑液柱压力和井筒摩阻损失后，最终确定罗 247 区长 8 油藏注水井最大井口压力为 21.9MPa。

上述井口注水压力为设计的最大压力，由于水敏矿物伊利石、伊/蒙间层的黏土矿物含量较高，因此，在开发过程中要加强压力监测，定期测吸水指示曲线，根据每口井生产动态选择并调整合理的注水压力。

罗 247 区长 8_1 油藏已开发区的注水井平均井口注水压力为 17.6MPa。

3. 采油井合理流压

低渗透油田采油井采油指数小，为了保持一定的油井产量，一般需要降低流动压力，加大生产压差。但如果流动压力低于饱和压力太多，会引起油井脱气半径扩大，使液体在油层和井筒中流动条件变差，对油井正常生产造成不利影响，因而流动压力应控制在正常合理范围内。

1）利用流入动态曲线方程

流入动态曲线方程较好地描述了储层流体向油井的流入动态特征。对于水驱油藏，当油井流动压力低于饱和压力以后，由于原油脱气，油相的流动能力将会发生变化。

低渗透油藏渗流基础理论表明，启动压力梯度和压力敏感系数与渗透率之间存在定量关系。当流压降低时，在地层压力一定情况下，生产压差增大，单井产量提高；但随着流压的降低，井底周围渗透率下降，启动压力梯度和压力敏感系数增大；当流压低于饱和压力时，原油黏度也会增大，从而降低原油渗流能力，最终导致产量下降，因此，确定一个合理流压可以使产量达到最佳。

罗 247 区长 8_1 油藏初始含水率为 25% 左右，根据流入动态曲线（图 5 – 25），得出罗 247 区长 8_1 油藏合理流压为 6.8MPa 左右，且随着开发时间延续，油藏综合含水率上升，流压有逐渐下降的趋势。

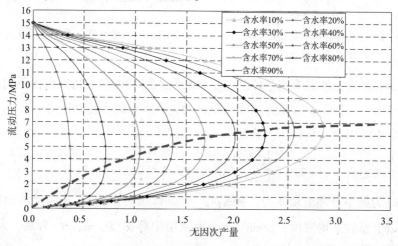

图 5 – 25　罗 247 区长 8_1 油藏原始地层压力下不同含水率油井流入动态曲线图

2) 开发经验

根据低渗透油藏的开发经验, 采油井合理流压应为饱和压力的 2/3 时, 采油指数最高, 最低流动压力为饱和压力的 1/2 左右, 否则会引起油井脱气半径扩大, 降低油层的渗流能力。罗 247 区长 8₁ 油藏饱和压力为 14.24MPa, 依据饱和压力, 得到长 8₁ 油藏合理流压为 7.1 ~ 9.5MPa。

3) 利用泵效确定

根据油层深度、泵型、泵深, 不同含水率条件下保证泵效所要求的泵口压力, 由泵口压力可以计算合理流动压力。

合理泵效与泵口压力的关系如下:

$$N = \frac{1}{\left(\dfrac{F_{go} - a}{10.197 p_p} + B_t \right)(1 - f_w) + f_w} \qquad (5-16)$$

式中, N 为泵效; p_p 为泵口压力, MPa; F_{go} 为气油比, m³/t; a 为天然气溶解系数, m³/m³/MPa; f_w 为综合含水率; B_t 为泵口压力下的原油体积系数。

根据上式计算出不同含水时期泵效与泵口压力的关系(图 5 – 26、图 5 – 27)。

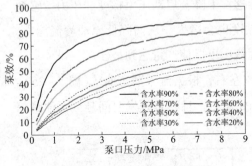

图 5 – 26 不同含水下泵口压力与
泵效的关系曲线

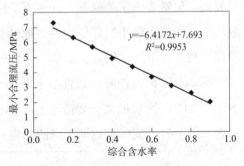

图 5 – 27 含水率与最小流动压力关系

罗 247 区长 8₁ 油藏渗流条件差, 要求泵效达到 40% 时, 可以得出不同含水率时的泵口压力, 根据泵口压力与流动压力的关系求出最小流动压力。

最小流动压力与泵口压力的关系式为:

$$p_{wf} = p_p + \frac{H_m - H_p}{100}[\rho_o(1 - f_w) + \rho_w \cdot f_w] \cdot F_x \qquad (5-17)$$

式中, p_{wf} 为最小合理流动压力, MPa; p_p 为泵口压力, MPa; ρ_o 为动液面以下泵口压力以上原油平均密度, g/cm³; H_m 为油层中部深度, m; H_p 为泵下入深度, m; F_x 为液体密度平均校正系数。

罗 247 区长 8₁ 油藏初期含水率为 25% 左右时，长 8₁ 层开发初期流动压力保持在 6.1MPa 以上，即可满足生产要求（泵效可达到 40%）。

综合以上分析，可以确定罗 247 区长 8₁ 油藏的合理流压为 7.1~9.5MPa。

（1）大斜度井井底流压优化。

设定大斜度井井底流压为 6.0MPa、8.0 MPa、10.0 MPa、12.0 MPa、14 MPa，预测 20 年累计采油量和含水率。

从预测结果（表 5-12）可以看出，对于大斜度井，当井底流压越低时，累计采油量越高，但含水率也越高，即井底流压越低，含水率上升越快，不利于稳产。因此，结合油藏工程论证结果，优化大斜度井井底流压为 9.0MPa。

表 5-12　不同大斜度井井底流压下的开发效果预测

时间/a	$p_{wf} = 14.0$MPa		$p_{wf} = 12.0$MPa		$p_{wf} = 10.0$MPa		$p_{wf} = 8.0$MPa		$p_{wf} = 6.0$MPa	
	累产油量/10^4t	含水率/%	累产油量/10^4t	含水率/%	累产油量/10^4t	含水率/%	累产油量/10^4t	含水率/%	累产油量/10^4t	含水率/%
5	10.42	69.5	10.62	69.8	10.83	70.0	11.06	70.2	11.25	70.5
10	15.05	78.0	15.40	78.3	15.76	78.7	16.16	79.0	16.48	79.4
15	18.74	81.4	19.17	81.9	19.61	82.3	20.10	82.8	20.48	83.2
20	22.53	84.0	23.03	84.4	23.52	84.9	24.06	85.4	24.48	85.8

（2）水平井井底流压优化。

设定水平井井底流压为 6.0MPa、8.0 MPa、10.0 MPa、12.0 MPa、14 MPa，预测 20 年累计采油量和含水率。

从预测结果（表 5-13）可以看出，对于水平井，当井底流压越低时，含水率越低，累计采油量越高，但随着流压的进一步下降，采油量增加的趋势变缓。分析原因，主要原因可能是水平井井网部署区储层裂缝发育程度较弱，或水平井井网合理，水平井不易见水，水驱效果较好，当流压低到一定程度后，远远低于原油饱和压力时，油井近井地带气液两相流渗流区范围更广，渗流阻力增加，导致产量下降。因此，结合油藏工程论证结果，优化水平井井底流压为 8.0MPa。

表 5-13　不同水平井井底流压下的开发效果预测

时间/a	$p_{wf} = 14.0$MPa		$p_{wf} = 12.0$MPa		$p_{wf} = 10.0$MPa		$p_{wf} = 8.0$MPa		$p_{wf} = 6.0$MPa	
	累产油量/10^4t	含水率/%	累产油量/10^4t	含水率/%	累产油量/10^4t	含水率/%	累产油量/10^4t	含水率/%	累产油量/10^4t	含水率/%
5	7.97	64.7	9.66	64.0	10.81	63.6	11.43	63.5	11.72	63.5

时间/a	$p_{wf} = 14.0MPa$		$p_{wf} = 12.0MPa$		$p_{wf} = 10.0MPa$		$p_{wf} = 8.0MPa$		$p_{wf} = 6.0MPa$	
	累产油量/ $10^4 t$	含水率/ %	累产油量/ $10^4 t$	含水率/ %	累产油量/ $10^4 t$	含水率/ %	累产油量/ $10^4 t$	含水率/ %	累产油量/ $10^4 t$	含水率/ %
10	12.37	81.1	15.11	79.7	17.01	78.9	18.02	78.5	18.50	78.4
15	14.98	88.1	18.54	86.5	20.99	85.6	22.32	85.1	22.98	84.8
20	16.75	91.2	20.99	89.9	23.94	88.9	25.54	88.4	26.34	88.2

4. 采油井合理生产压差

1) 考虑启动压力梯度计算方法

在油田开发过程中，生产压差存在合理界限，油井井底流压低于饱和压力时，油井附近局部脱气并形成两个区域，且流动形态各不相同，即在地层压力高于饱和压力的区域为原油单相流动，在地层压力低于饱和压力的区域形成油气两相流动。

考虑启动压力梯度的达西定律，计算得罗 247 区长 8_1 油藏的合理生产压差为 10.0MPa。

2) 根据最小可流动喉道半径计算生产压差

$$\Delta p = 0.077 p_c \ln \frac{R_e}{r_c} \qquad (5-18)$$

式中：Δp 为最大生产压差，MPa；0.077 为实验室毛管压力与油层条件下毛管压力的换算系数；p_c 为最小可流动喉道对应的毛管压力，MPa；R_e 为供液半径，m；r_c 为油井折算半径，m。

通过计算可得罗 247 区长 8_1 油藏合理生产压差为 10.5MPa。

3) 根据合理压力保持水平和合理流压确定

生产压差等于地层压力与流压的差值，确定合理地层压力保持水平和合理流压之后，即可确定生产压差：

$$\Delta p = p_i - p_{wf} \qquad (5-19)$$

式中，Δp 为生产压差，MPa；p_i 为地层压力，MPa；p_{wf} 为生产流压，MPa。

罗 247 区长 8_1 油藏地层压力为 21.6MPa，合理流压为 7.1~9.5MPa，可以求得长 8_1 油藏合理生产压差为 12.1~14.5MPa。

综合以上 3 种方法，可以确定罗 247 区长 8_1 油藏的合理生产压差为 12.1~14.5MPa。

六、注水量优化

1. 大斜度井注水量优化

设定大斜度井注水量为 $10m^3/d$、$15m^3/d$、$20m^3/d$、$25m^3/d$、$30m^3/d$，预测 20 年累计采油量和含水率。

从预测结果(表5-14)可以看出，对于大斜度井，随着注水量增加初期增加较快，后期含水率上升速度有所下降，注水量为 $10m^3/d$ 时初期含水率较低，且增油量相对高，因此，初期不宜增大注水量，而应采用较低的注水量，优化大斜度井合理注水量为 $10m^3/d$。

表5-14　不同注水量下的大斜度井开发效果预测

时间/a	$Q_{inj}=10.0m^3/d$		$Q_{inj}=15.0m^3/d$		$Q_{inj}=20.0m^3/d$		$Q_{inj}=25.0m^3/d$		$Q_{inj}=30.0m^3/d$	
	累产油量/ 10^4t	含水率/ %	累产油量/ 10^4t	含水率/ %	累产油量/ 10^4t	含水率/ %	累产油量/ 10^4t	含水率/ %	累产油量/ 10^4t	含水率/ %
5	12.38	71.61	12.11	72.62	12.00	72.91	11.93	72.96	11.91	72.92
10	17.24	79.52	16.91	79.37	16.82	79.00	16.78	78.88	16.77	78.84
15	21.00	83.34	20.78	82.60	20.77	82.38	20.74	82.33	20.73	82.31
20	24.18	85.59	24.13	84.78	24.14	84.71	24.12	84.69	24.11	84.67

2. 水平井注水量优化

设定水平井注水量为 $5m^3/d$、$10m^3/d$、$15m^3/d$、$20m^3/d$、$25m^3/d$，预测 20 年累计采油量和含水率。

从预测结果(表5-15)可以看出，对于水平井，随着注水量增加，含水率上升，累产油量下降。注水量为 $10m^3/d$ 时初期含水率较低，且增油量相对要高，因此，水平井注采井网注水量也不宜高，而应采用较低的注水量，优化水平井合理注水量为 $10m^3/d$。

表5-15　不同注水量下的水平井开发效果预测

时间/a	$Q_{inj}=5.0m^3/d$		$Q_{inj}=10.0m^3/d$		$Q_{inj}=15.0m^3/d$		$Q_{inj}=20.0m^3/d$		$Q_{inj}=25.0m^3/d$	
	累产油量/ 10^4t	含水率/ %	累产油量/ 10^4t	含水率/ %	累产油量/ 10^4t	含水率/ %	累产油量/ 10^4t	含水率/ %	累产油量/ 10^4t	含水率/ %
5	26.93	61.3	26.36	64.3	25.44	68.4	24.39	72.1	23.92	74.1
10	41.22	70.8	40.32	74.5	37.3	79.5	34.60	82.8	33.42	83.9
15	51.68	76.4	50.84	79.8	45.79	84.4	41.81	86.7	40.26	87.2
20	60.18	79.6	59.46	83.0	52.62	87.1	47.70	88.8	46.01	88.9

七、合理采油速度

经过对国内 5 个油田设计和实际达到的采油速度资料统计结果表明，采油速度和流动系数和井网密度之间存在着一定的关系：

$$V_0 = \lg (Kh/\mu)^{0.82725} + 2.7345\eta^{-0.3163} - 0.7545 \qquad (5-20)$$

式中，V_0 为采油速度，%；K 为渗透率，$10^{-3}\ \mu m^2$；h 为有效厚度，m；μ 为原油黏度，$mPa \cdot s$；η 为井网密度，口/km^2。

根据该式可以计算出罗 247 区长 8_1 油藏初期合理采油速度（表 5-16）。

表 5-16　罗 247 区长 8_1 油藏合理采油速度

井区	油藏	渗透率/$10^{-3}\mu m^2$	黏度/$(mPa \cdot s)$	油层有效厚度/m	井网密度/（口/km^2）	初期合理采油速度/%	实际采油速度/%
罗 247	长 8	0.28	1.11	13.14	15.3	0.83	0.65

从表中可以看出罗 247 区长 8_1 油藏合理采油速度为 0.83%，而目前实际采油速度为 0.65%，受油井见效程度低和大斜度井含水率上升影响，目前采油速度较低。

第 4 节　有利区建产

根据有利区预测结果，罗 276 井区为 I 类建产"甜点区"，推荐采用大斜度400m×120m 矩形注采井网开发，大斜度井段为 80~100m。共部署 13 口大斜度井，定向井注水井部署 8 口，其中 3 口为新钻井，5 口为目前已完钻井。大斜度井采用定液量工作制度开采，超前注水 9 个月，注入量为 2200m³ 左右。

从预测结果看，通过罗 276 井区大斜度井网建产，年建产能 1.28×10⁴t，初期单井产能为 3.0t/d。

根据有利区预测结果，罗 351 井区为 II 类建产"甜点区"，主要采用水平井500m×120m 五点法注采井网滞后注水开发，局部受钻井影响，采用大斜度井矩形注采井网。水平井水平段长 1000m，采用水力喷射环空加砂体积压裂，改造段数15 段。大斜度井采用 400m×100m 矩形井网，水平段长 1000m，改造段数 5 段，超前注水 9 个月，日注水 8m³。共部署油井 14 口，其中，8 口大斜度井，6 口水平井，7 口定向井注水井，3 口为新钻井，4 口为目前已完钻井。大斜度井和水平井采用定液量工作制度开采，大斜度井注水超前注水 9 个月，注入量为 2200m³ 左右。

从预测结果看，通过罗351井区建产，年建产能2.63×10^4t，平均单井产能5.7t/d，建产效果较好。

根据有利区预测结果，罗369井区为Ⅱ类建产"甜点区"，推荐采用水平井400m×100m五点法注采井网开发，水平段长400m，但由于该井区建产面积小，目前完钻井数多，无法部署水平井，因此在现有完钻井的基础上，部署了定向井和大斜度井。共部署9口新钻定向井，1口新钻大斜度井。定向井和大斜度井采用定液量工作制度开采，注水超前注水9个月，注入量2200m^3左右。

从预测结果看，通过罗369井区建产，年建成能0.74×10^4t，平均单井产能2.2t/d，建产效果较好。

根据有利区预测结果，罗327井区为Ⅱ类建产"甜点区"，推荐采用水平井500m×120m开发，水平段长1000m，滞后5年五点法注水开发，日注10m^3。采用水力喷射环空加砂体积压裂，改造段数15段。共部署5口新钻长水平井，2口短水平井，7口定向井注水井。

从预测结果看，通过罗327井区建产，建年成能2.03×10^4t，平均单井产能8.8t/d，建产效果良好。

通过综合调整措施及"甜点区"建产，罗247区长8$_1$油藏开发指标预测结果如图5-28及表5-17所示。通过"甜点区"建产，建产能6.68×10^4t，5年末累产油量26.67×10^4t，15年末累产油量62.47×10^4t。

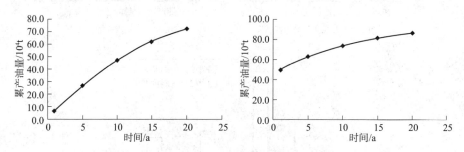

图5-28 罗247区长8$_1$油藏综合建产累产油和含水曲线

表5-17 罗247区长8$_1$油藏综合建产效果预测表

时间/a	日产油量/t	累产油量/10^4t	含水率/%	年递减率/%	总递减率/%
1	204.66	6.68	48.4		
5	108.23	26.67	61.1	11.8	42.9
10	76.98	47.09	72.1	7.2	59.4
15	60.79	62.47	79.9	5.3	67.9
20	52.54	72.26	84.1	3.4	72.3

第5节 建产关键技术和模式

一、规模应用大斜度井建产

大斜度井规模应用效果显著。2019年在虎2长6_3区、巴19长7_2区、罗247长8_1区等投产大斜度井53口，目前单井日产油3.0t，沉没度713m。大斜度目前产量为周围定向井的2.0~2.2倍，初期采油速度由0.8%~1.3%上升至1.7%~2.8%，区块采油速度和单井产量明显提升(图5-29)。

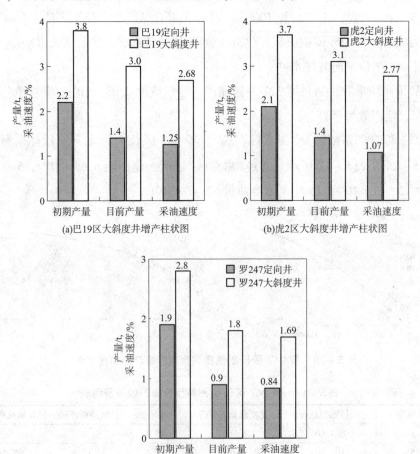

图5-29 大斜度井增产效果对比图

大斜度井经济效益显著。大斜度井增加了单井油层厚度及压裂缝体积，单井产量是定向井 2.1 倍，而投资费用是定向井 1.72 倍，前 3 月累产油量达定向井的 2.1 倍，增产稳产效果显著(图 5 - 30)。

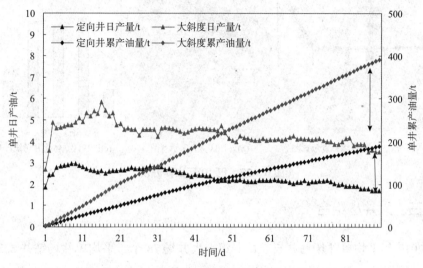

图 5 - 30　大斜度井与定向井拉齐曲线对比图

大斜度井及水平井产量效益突出。2019 年，加大大斜度井及水平井实施力度，拉动整体建产效益提升，当年部署产能 16.3 × 10⁴t；投产大斜度井 53 口，水平井 6 口，对应产油 5.5 × 10⁴t，利用 20.4% 的井数完成了 37.8% 的产量，当年产建贡献率由计划的 22.9% 上升至 33.7%(图 5 - 31)，有力拉动了当年新井超产。

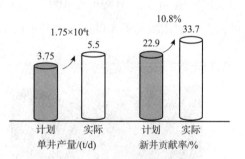

图 5 - 31　2019 年大斜度井、水平井新井产量完成情况

二、推广立体式开发

巴 19 区与虎 2 长 6₃ 油藏、罗 362 区长 8₁ 油藏叠合发育(图 5 - 32)，采用立体式开发，组合井场 8 个，钻井 84 口(大斜度井 27 口)，注水井减少 14 口，节约用地 12 亩(1 亩 = 666.67m²)，节约注水管线 6.3km，源头提升产建效益。共用一套注水井网，少打井 14 口，节约进尺 3.6 × 10⁴m，钻井、试油、测井和录井费用 2590 万元。节约征地 12 亩，节约征地、钻前等费用 140 万元。减少注水

管线铺设及地面配套，节约地面费用等 900 万元。

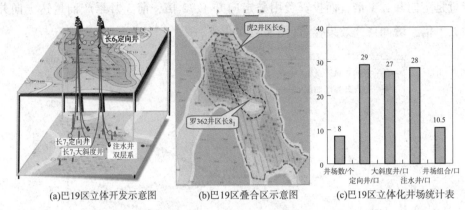

(a)巴19区立体开发示意图　(b)巴19区叠合区示意图　(c)巴19区立体化井场统计表

图 5−32　巴 19 区立体开发

三、大井丛组合

2019 年平均单井场钻井 6.8 口。组合大井场 78 个，平均单井场钻井 8.2 口，其中，10 口以上井场 22 个，占比 20.7%。主要特征为：①合理利用老井场，利用老扩井场 36 个，节约征地 108 余亩；②部署大井场组合，定向井井场大于 7口，大斜度井场大于 5 口；③大井丛（图 5−33）、多井型、立体式。

图 5−33　大井丛组合

紧盯井场腾挪，重点做好"三个加快"，钻试一体化组织，采取多机组作业，优化生产组织模式，钻试周期同比下降，单井有效生产天数提高 10 天。其中，巴 19−2 井场 13 口井完试周期 48 天，缩短了 17 天。主要经验包括：①做好队伍交接，钻井试油超前准备，提前储备方案，提前做好攻关协调，紧跟腾挪，就近搬家；②高产井快速组织。优先安排优质钻机快速实施，试油连续作业，应用电潜泵快速排液；③安排多机组工厂化作业，子母、大井场双钻机钻井，多机组试油，同一井场一次通洗井，一次射孔，缩短周期，实现了流水式作业、同步压裂、交叉压裂、24小时压裂。

钻试总承包队伍合理统筹资源，编制平台施工方案，优化实施井序和供储模式，细化提效指标，提高整体质量和效率。虎2－035平台完井16口，平均钻井周期12.7天，完试周期12.5天，钻试总承包投资下降2.9%。

四、水平井钻完井

鄂尔多斯盆地致密油资源丰富，水平井是其勘探开发的关键技术。近年来长庆油田以"提高单井产量、提高作业效率、降低作业成本"为目标，不断创新长水平井钻完井技术、研发关键工具材料、加强现场先导试验，取得了重要的进展和认识。

1. 大平台丛式水平井布井

致密油长7_1小层、长7_2小层多油层叠合发育，通过优化水平井井距、优化大井场布局、双钻机联合作业、大井组防碰绕障，部署水平井实现大井丛布井，最大化动用储量。实施过程中重点做好防碰工作，井组统一设计（图5－34），整体防碰，避免因临时加井、靶点调整等情况造成绕障困难，利用预分防碰绕障技术防碰设计。

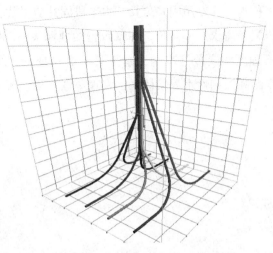

图5－34　丛式井组整体设计（靶前距300m）

2. 防塌及储层保护钻完井液技术

试验应用强抑制防塌堵漏钻井液技术，优化 CQSP 钻井液体系，加强堵漏，提高抑制性，解决了洛河层漏失、直罗层坍塌问题，优化井身结构，缩短钻井周期 8～10 天，单井节约 80 万元。

试验应用储层保护完井液技术，采用屏蔽暂堵技术，研发了无土相低伤害钻完井液，有效保护非常规储层。该技术储层伤害率低：岩心静态伤害率为 4.85%，模拟井下实际条件动态平均伤害率为 9.85%；滤饼酸溶率高，滤饼酸溶率不小于 95%；润滑性能好，滑块摩阻系数可低至 0.0262，极压润滑系数低至 0.05。

3. 长水平段优快钻井技术

①优选关键工具：优选钻头、螺杆等井下工具，钻杆由以前的 2 级提高到 1 级，配备功率 1300W 以上的泥浆泵，为强化钻井参数打下基础。通过该技术，钻井速度由 12m/h 提升至 18m/h 以上，单只钻头钻井 1000m 以上，增加水力振荡器，降低水平段摩阻 20%。②强化参数快速钻井：充分发挥设备性能，加强轨迹实时控制，实现高钻压、高转速、高泵压钻井，实现全井段平均钻时 19m/h，钻井速度提高 20% 以上。

4. 韧性水泥浆提高固井质量

长庆油田良好的封固技术为水平井分段多簇体积压裂提高了可靠保障，研究形成了低密高强、热固树脂、高强韧性等多套水泥浆体系，配套开发了自锁浮箍、漂浮接箍等 4 种水平井专用固井工具，水平段固井质量优良，满足了水平段体积压裂、重复压裂等需求。针对长 7 油藏致密油埋深浅(1800～2200m)、温度低(70℃)，水泥石强度发展慢等难题，基于紧密堆积理论，结合早强机理、增韧机理，形成了低温高强韧性水泥浆体系，实现了低失水、短过渡、高强低弹等技术需求。

第6章 数字化油田建设模式

2011年1月6日，随着百宝作业区白三拉油站数字化改造系统的完成运行，长庆油田第一个百万吨级别的数字化采油厂正式诞生。

至此，产量7年增长59倍的采油七厂，原油年产能力已突破100×10^4t。面对超低渗油藏开发世界性难题，采油七厂逐年加大科技攻关力度，坚持"优质区块高效先行、落实区块快速建产、滚动区块加快评价"，认真落实超前注水政策，破解了白豹油田、环江油田"有储量、无产量"的开发瓶颈，形成了"五小一大一优化"的开发模式，"供注一体化、采注一体化、采输一体化"的小站模式，"群式子母井场、双向作业、多机组试油、投产投注集中管理"的特色建产模式，大井组、短流程、井站合建密闭输送的油气集输流程，以及单元注水、设备橇装、水质简易处理的注水工艺，牵住了超低渗油藏开发的"牛鼻子"。

2009年以来，采油七厂按照油田数字化建设统一部署，在对老区进行数字化改造、率先建成40×10^4t大板梁数字化采油作业区后，又在新区环江油田的数字化建设中成功运用无线星状网传输、OPPC一体化电力光缆、外输管线负压波法监测等技术，创造性地提出了"中心站"管理模式。

采油七厂环江作业区地处甘肃省环县四合塬乡，陕甘宁三省交接处。矿权区域集中在四合塬乡境内，主要承担罗38区、白38区、虎2区、罗242区、白21区5个区块的开发管理工作。共管理油井535口、注水井185口、日产油750t，日注水3350m³，平均单井产量1.51t/d；管理站点7座（联合站1座、转油注水站2座、数字化增压站4座）、注水橇3个、集中拉油点1个、以及170个生产井场（其中拉油井场84个）。

已完成数字化配套站点7座，油井431口，水井118口，水源井14口，建设覆盖率83%（按总井数计算），井组视频上线率97%，油井上线率95%，注水井上线率95%。

自 2010 年环江作业区成立以来，作业区紧紧围绕厂部"转移重心，完善体系，业务驱动，全面应用"的数字化管理思路，创新运维机制，强化员工培训，数字化运行效果逐步优化，各主要参数上线率整体呈上升趋势，目前上线率保持在 90% 以上的高水平运行(图 6-1)。

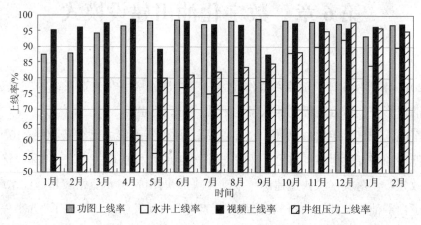

图 6-1 环江作业区 2012~2013 年数字化主要参数上线率趋势图

在数字化建设的基础上，推进了作业区劳动组织架构改革，实现了 94 座井组及 4 座数字化增压撬无人值守，共撤离驻井站员工 157 人，全区用工 306 人，每万吨用工 11.2 人。

以"标准化作业区示范引领"为建设管理思路，全力推进环江作业区数字化管理，通过"优化三大机制，搭建三个平台，开展六项治理，完善七套方案"积极开展工作，形成了以"环一联"为中心的"中心站"管理模式，取得了显著成效(图 6-2)。

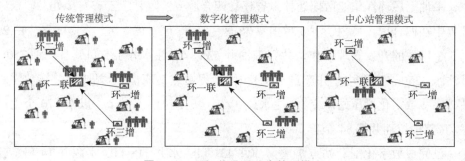

图 6-2 环江作业区改变管理模式

第 1 节　数字油田建设要点

一、统筹兼顾，推进地面建设一体化

坚持推行"六提前三及时"建设模式，坚持地质地面一体化，及时对接地质部署，确定产建方向，根据地质动态，及时与设计院对接，调整地面产建方案，及时组织招标、施工，提前完成投运，紧盯"36911"节点目标，精心组织、统筹安排，实现了"按期完工、提高管输、减少拉油"的目标。共完工投运各类站点 6 座，全年管输率达到 95%，消减拉油量 387m³/d，拉油量零增长。

二、创新管理模式，推广标准化施工

地面建设主动适应新形势，积极推行"标准化施工、规范化管理"，以打造高质量工程为己任，以标准化工地创建为抓手，摒弃主观主义经验判断，依靠检验数据、施工样板等手段，评价工程质量，提高管理水平。

施工管理标准化：规范开工、过程、竣工管理程序，编制施工指南，从图纸会审、设计交底、HSE 管理、进度控制、竣工验收等环节进行标准化要求，做到管理有的放矢、有序指挥。

安全文明施工标准化：现场布置标准化七牌一图，设置安全设施、文明标语、风险提示牌，施工成品半成品保护，严控进行各项危险作业管理。

施工质量标准化：现场设立标准化工序规程牌，以首道工序为样板，明确工艺流程、控制施工要点、摒弃主观主义经验判断，依靠检验数据评价工程质量。

通过视频监控打造"智慧"工地，实现可视化管理，场站安装视频监控 11 套，全天候、无死角掌握即时动态，发现问题及时整改，充分发挥数字化在施工进度、纠正违章、衔接工序的支撑作用。同时编制标准化工程施工指南，形成了一套可借鉴、可复制、可推广的标准化施工新模式。

三、推进模块化施工，工厂化预制管理

深入推进场站、保障点工程工厂化预制和模块化施工，以"五个模块化"为

核心，建立平台预制工作模式，根据工序衔接及材料进场情况，使安装工艺得到进一步简化，保证了安装精度，降低了安全风险，实现了焊接工艺一次合格率提高5%，平均缩短建设工期15天。

设备定型化：2020年安装各类一体化集成装置17套，确定设备尺寸，提前预制基础，避免了设备进场二次吊装。

工厂预制化：工艺管道及焊接工程在现场平台完成预制焊接，提升焊接质量，缩短安装工期。

工序流水化：合理安排土建、安装、电仪、防腐、调试分项工程深度交叉作业，大幅优化工期，保证施工进度。

过程程序化：强化过程管理，以技术交底、施工自检、监理检验为控制手段，保证了安装精度，提高了工程质量。

安装插件化：钢筋、管件预制完成后，根据流程工艺实现插件式安装，节约了施工费用，降低了安全风险。

四、打造井站合建、多站合建模式

积极对接地质部署调整，优化站址选择。坚持推行"井站合建、多站合建"布局理念，兼顾老区生产，和谐发展新区，有效解决了征地手续办理周期长，地面建设跟不上建产节奏的问题。同时减少了管理单元及节约人员配置，节约征地，减少重复用工。

五、拓展可视管理，建设质量全面受控

在前期井筒作业可视化的基础上继续拓展可视化管理应用范围，重点场站现场提前安装视频监控，实现了"三全面，三及时"的现场管理新模式，充分发挥了数字化、信息化在质量把控、安全管理等方面的支撑作用：①重点场站项目全部提前架设视频监控，场站工程施工现场覆盖率100%；②施工作业开始前，提前安装视频监控11套，可视化管理覆盖工程施工全过程；③运用视频录像加速回放功能，每天快速监督所有工序，消灭工程监管盲区。同时做到及时掌握进度，现场施工进度实时视频监控，监管人员可第一时间掌握现场施工进度。及时纠正违章，发现违规违章行为，通过视频监控远程喊话功能及时进行制止纠正现场违章25次。及时衔接施工，根据现场实时施工进度，及时调整施工计划6项，保证了各项施工环节的及时无缝衔接。

第2节　数字油田建设关键举措

一、优化三项机制

1. 管理机制

建立管理机制。建立了"井站日常巡查保养、作业区故障维护、信息中心全面管理"三级管理体系，界定了各层级工作权限，明确了岗位职责，并分层次调整增加了管理人员，强化了数字化系统的运行管理；在已有制度的基础上，新增了《数字化技术管理规范》《数学化系统日巡查记录》《井组数字化系统句度巡查记录》，对日常操作及巡查保养进行了详细规范和要求，减少了操作不当造成的故障次数，保证了巡查保养的频次。

强化考核管理。为使月度考核更加科学、严谨、全面，研究制定了以"数据上线率"为考核指标的"对标"管理，通过对主要参数上线率、故障率及考试成绩进行综合打分，并与厂月度绩效考核挂钩，有效增强了作业区数字化管理应用维护的责任心。

2. 维护机制

维护界面。为了加强软硬件的现场管理（图6-3），确保数字化故障维护的顺畅运行，以《采油七厂数字化维护管理办法》为基础，将维护的主体移交作业区。

维护考核。每月对数字化服务大队当月维护进度、质量、完成率及主要参数上线率进行统计分析，与月初下达的上线率指标进行对比，对未达标的按《采油七厂数字化维护管理办法》进行考核扣除相应结算费用。

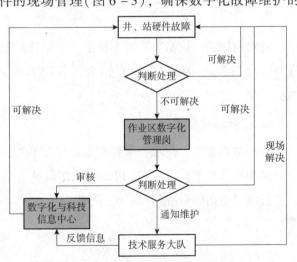

图6-3　环江作业区软硬件管理维护流程

3. 培训机制

为了全面推广数字化管理，使全厂干部员工熟练掌握所在岗位数字化操作技能，从 3 个层面强化培训。利用数字化培训网站电子考试系统每月组织岗位员工进行网络考试，大大缩短了培训周期及考试周期。

二、搭建 3 个平台

1. 仪表校验平台

购置仪表及功图标定设备，组建了数字化仪表班，制定了数字化仪表校验制度，积极开展仪表校验工作，有效提高了数据的准确性，保障了生产的安全运行。

2. 设备维修平台

为进一步加强数字化相关设备的维修利用，节约维护成本。2012 年 4 月开始，在白豹油区设立数字化设备维修站，统一对数字化相关的故障设备进行维修或组织返厂维修，节约成本数百万元。

3. 网上培训平台

在传统培训的基础上，开发了"数字化培训网站"，充分利用网络资源，分享技术经验，开展网络考试，使数字化培训更加快捷实效。

三、开展六项治理

针对前期数字化站控系统不稳定、前端数据采集传输质量差、故障率高等问题及时组织开展六项措施进行治理，各项参数上线率显著提高，故障率明显减少。

1. 升级站控系统

按照站内集输、注水、水源井参数采集和控制点编制完善了《第七采油厂数字化站控平台标准》，通过对 PLC 和操作员站重新制定标准、完善细节，反复验证后形成了适用的标准站控系统(图 6－4)。

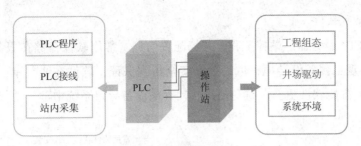

图6-4　标准站控系统

标准 PLC 程序模块。开发了 8 个标准程序块，实现了 PLC 机柜内的程序结构、控制逻辑、参数设置完全统一，从源头规范数据采集控制路径。配套标准站控系统，站控主机只进行模式选择，不涉及变频程序存放及控制，实现了数据采集传输过程的真实性和准确性，杜绝了假数据的可能。

标准 PLC 接线规则。规定了站内采集点的位置，设备型号、量程范围和信号类型，与 PLC 程序模块设置相对应，制定了 PLC 机柜接线规则，固化了各类仪器仪表的接点位置，且提前规划预留点位，为后期扩展打好基础。

标准站控组态程序。在新版标准站控程序的基础上，结合标准 PLC 程序与接线规范修改完善了增压站、注水站、联合站等各类站点的标准站控组态程序，进一步提高了标准站控的兼容性和稳定性。

变频控制模式优化。将控制过程整合存储到 PLC 内，通过切换 PID 变频控制模式，实现手动控制、连续输油、自动控制 3 种操作模式，新开发了自动输油功能，实现了根据缓冲罐液位高启低停自动输油功能（图6-5）。

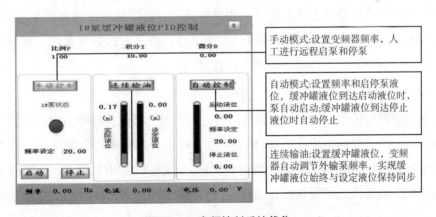

图6-5　变频控制系统优化

提升操作系统稳定性。安装纯净正版操作系统，更新系统补丁，预装远程控制和井场驱动，统一数据文件存储路径，完成后制作成镜像，确保操作系统功能完整且无杂乱软件。

建立 FTP 服务器。站控工程、井场配置信息、常用软件存储在服务器上(图6-6),实现工程备份异地存取,数据安全得到保证;软件在线共享,通过网络直接下载,方便软件更新,避免使用移动存储设备导致系统中毒。

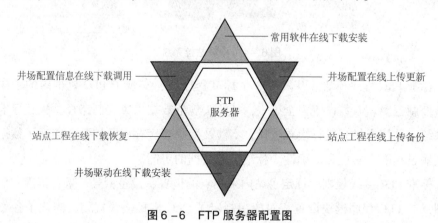

图6-6 FTP 服务器配置图

2. 升级视频软件

为了更好地发挥软件功能,服务管理需要,在原有系统的基础上开发了新的井组视频监控平台,进一步完善了平台功能。①数据转发。通过在前指建立转发服务器,使视频数据直接由前指核心交换机进行网络共享,不仅缓解了网络传输压力,也为"三级联动报警"的实现奠定了基础。②联动录像。增加了闯入联动录像功能,减轻了全天录像数据存储压力,减少了大量的"无用"视频录像数据,报警时间的录像信息查询更加快捷。③报警日志。将以往的报警自动记录"外物闯入"改进为人工录入具体报警原因,方便了对井场闯入报警的跟踪、查询、分析。并对"可疑闯入"录像进行自动上传存储。

3. 优化无线网络

通过对网络传输带宽较小的无线网桥进行更换,择优选择中心网桥位置,且调整角度、高度等网络优化手段(图6-7),解决大部分网络传输问题。对于个别井组与站点距离较远、地理位置落差大的问题,开展"有线替换无线"的光缆改造工作,共架设光缆超60km,解决了51个井组的网络传输问题。

4. 更新功图采集设备

部分油井2008年以前安装了北京金时公司生产的功图采集设备,由于安装年限较长、自身技术缺陷、配件供货不足等原因,造成运行故障频繁、维护滞

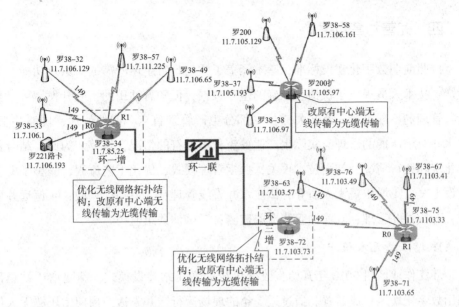

图 6 - 7　环江作业区无线网络优化

后，2012 年，对 279 套设备进行了更新，更新后功图日采集数量超 120 张以上的井由 79.1% 上升至 98.5%，平均单井故障频次由 0.1 次/月下降至 0.05 次/月，功图上线率提高 8.3%，分析成功率提高 32.9%。

5. 注水井专项治理

由于前期对注水井重视程度不够，站控系统驱动不稳定，且无法实时采集更新参数，导致注水采集上线率低、不准确。为切实提高上线率，开展了注水井专项治理工作，共计对 187 座配水间、574 口注水井进行了升级调试工作，主要包括升级井场驱动、更换或修复协议箱、配水阀及压变、加装简易防水罩、统一接布线标准以及架空穿线管等，治理效果明显，上线率由 30% 提升到 90% 以上。

6. 防雷接地整改

井组防雷接地。由于数字化井组供电质量差，接地系统不达标，发生雷击及大面积闪停电时，易烧毁数字化设备，严重影响系统正常运行。通过检测，对不合格的 125 个井组接地进行了统一整改，对 190 座井场安装了稳压电源，有效保护了井场数字化设备的正常运行。

站内防雷接地。通过规范供电线路、安装防浪涌保护器等手段对 34 座站点进行防雷接地系统整改，整改后，网桥、交换机、PLC 模块经常烧毁的设备再未发生同类故障。

四、完善七套方案

按照前期数字化建设标准，基本涵盖了井站日常生产所需的参数及功能，为生产、技术人员提供了快捷、准确的生产数据，但随着油田的不断开发，数字化运行管理的不断推进，逐步暴露出一部分生产管理盲点，例如偏远、拉油井组，注水井及增压撬的管理与实际生产业务流程不相符的情况，等等。为此，结合数字化实际运行情况，加强技术攻关，探索管理模式，优化工艺流程，完善了七套建设方案：①增压撬无人值守；②注水井直线管理；③道路视频网；④偏远井监控；⑤拉油井管理；⑥输油管线泄漏监测；⑦试油井组监控。

1. 增压撬无人值守

环江作业区自 2010 年开始，改变传统的增压站建设模式，新建增压站全部采用数字化增压集成装置。通过近 3 年的现场运行，并未达到预期增压撬无人值守的运行效果，主要有以下 3 方面原因：

(1)由于站点投运初期周边井组产量较高，所选增压撬运行参数较大，但随着油井产量递减，目前实际产液量、外输排量等运行参数与设备参数不相符，造成增压撬不能实现连续输油。

(2)考虑油井产量标定、井组扫线作业区等因素，增压撬均配备 $38m^3$ 应急罐，用于井组的单量及扫线作业，量油及流程切换需要人工手动操作。

(3)增压撬设计未涉及外输流量采集，需要人工现场录取相关数据。

解决方案如下：

(1)外输泵参数优化。根据站点日产液量、油气比、压力、排量等实际情况计算后，选用与生产状况相符的规格型号，实现变频连续输油，流程远程切换。

(2)油井计量。通过功图计量几年以来的运用，优化各项参数，摸索计产规律，功图计量已能较好地反映油井的实际生产状态，为技术人员提供较为准确的生产数据。利用功图计量为主、单量罐车为辅的手段，逐步取消增压撬应急罐的单量功能，为增压撬无人值守提供了有利条件。

(3)外输流量上传。安装流量计，通过脉冲发射器等设备，将流量信号上传至上位机进行实时监控。

2. 注水井直线管理

按照前期数字化站控系统管理模式，注水站只单一监控站内注水流程及站内水罐、注水泵、注水干线等设备的参数采集和控制，前端注水井和注水阀组的监控管理则纳入油井集输站点监控管理，造成注水站与注水管网流程内所有注水井的监控隔离、管理脱离。注水井压力波动不能第一时间进行分水器压力的调整，造成注水井超欠注，对注水井的运行起不到有效及时的管理。

解决方案：建立注水管网管理，由注水站按流程管理，实现供水、注水泵、分水器、阀组、井口的直线监控，设置各节点注水压力报警限值，实现管网内注水井生产过程数据实时监测、压力报警提示、水井工况动态分析、运行信息自动生成等功能，注水站员工根据注水井压力及流量情况，及时调整分水器压力，保证注够水、注好水、平稳注水，实现注水管网纵向管理，精细化管理。

3. 道路视频网

原有电子值勤系统，为油区综合治理提供了重要的科技手段，但仍存在误拍、空拍、未识别等技术缺陷，受存储方式限制，不便于后期事件查询及车辆锁定。在此基础上，在作业区边缘及主干道路安装视频监控 11 套（图6-8），配合电子值勤系统，形成作业区"天眼"网络，为油区综合治理提供有力保障。

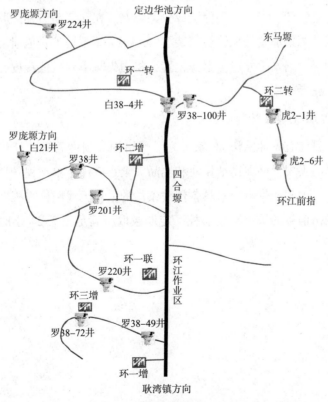

图6-8 道路视频网络拓扑图

4. 偏远井监控

环江作业区地处产建新区，随着产建大规模开发，边探井、偏远井逐步增加。由于手机信号未覆盖，无线网络无法传输，数字化建设尚未覆盖，综合治理难度较大。为了保证偏远井生产正常，遏制不法分子偷盗，加强油区综合治理，对 5 座偏远井组应用了全时监控、定期录取的单点监控技术。有效遏制了不法分子的蓄意破坏，为油井生产及员工人身安全提供了有力保障。

5. 拉油井组管理

随着油区开发不断延伸，区块分散，偏远拉油井场数量也在逐步增加，由于井场有储油罐，拉油车辆定期拉油，使得综合治理难度加大，为了进一步发挥数字化优势，初步建立了一套拉油井组管理方案。通过对具备数据传输条件的井场储油罐安装液位计，对拉油车辆运用电子锁，基于 GPS 车载终端实现装卸油信息及行驶过程全程监控优化了原油拉运管理，强化了原油拉运环节的综合治理。

6. 输油管线监测

环江油田地处陕甘宁三省交界，油区外部环境复杂，外输管线打眼、偷盗原油行为猖獗，对生产、安全、环保造成较大影响。在环江油田环三联至洪德集输站、环一联至洪德集输站外输管线安装了"KLDHY 系列输油管道泄漏监测系统"，及时准确地判断泄漏发生并确定泄漏位置，将损失减小到最低程度，对打眼盗油行为起到一定震慑作用。

7. 试油井组视频监控

环江油田目前有试油队伍 35 家，为了严格抽吸制度管理，杜绝产建试油过程中落地原油的丢失，确保试油作业和油品安全，应用了单点视频监控技术，采用红外摄像机、太阳能供电，对具备传输条件的采用无线网桥将视频上传至就近站点，对无网络信号的采用本地监控，定期录取，满足全天 24 小时有效监控的需求。

参考文献

[1] 杨智，唐振兴，陈旋，等."进源找油"：致密油主要类型及地质工程一体化进展[J].中国石油勘探，2020，25(02)：73-83.

[2] 严向阳，李楠，王腾飞，等.美国致密油开发关键技术[J].科技导报，2015，33(09)：100-107.

[3] 李国欣，覃建华，鲜成钢，等.致密砾岩油田高效开发理论认识、关键技术与实践——以准噶尔盆地玛湖油田为例[J].石油勘探与开发，2020，47(06)：1185-1197.

[4] 郭钢，王琨，郭亚丽，等.环江地区长7致密油四性关系与储层特征分析[J].石油化工应用，2015，34(01)：92-96.

[5] 何州，郭涛.环江油田油井酸化缓蚀剂的筛选与性能评价[J].中国石油和化工标准与质量，2019，39(23)：145-146.

[6] 徐文，刘龙龙，李小锋.鄂尔多斯盆地环江油田虎二区块储层地质知识库的构建及应用[J].北京师范大学学报(自然科学版)，2018，54(04)：510-516.

[7] 闫亚文.环江油田长6油藏储层特征研究[D].西安：西安石油大学，2014.

[8] 胡海涛，吴晓明，龙慧，等.环江油田长6储层特征与测井产能评价[J].测井技术，2012，36(06)：647-651.

[9] 龙慧，吴晓明，胡海涛，等.环江油田长4+5油层组特征及测井产能评价[J].石油天然气学报，2012，34(11)：93-97+169-170.

[10] 吴晓明，龙慧.环江油田长6储层测井识别方法研究[J].石油化工应用，2012，31(10)：12-17+28.

[11] 张涛.环江油田长8水井酸压增注工艺技术探讨[J].中国石油和化工标准与质量，2011，31(11)：101-102.

[12] 龙慧.环江地区延长组超低渗油藏有效储层测井识别方法研究[D].西安：西安石油大学，2012.

[13] 刘超.环江地区延长组长9储层特征及测井识别方法研究[D].西安：长安大学，2016.

[14] 严锐涛，徐怀民，严锐锋，等.鄂尔多斯盆地环江油田延长组长8段致密储层特征及主控因素分析[J].中国海洋大学学报(自然科学版)，2016，46(08)：96-103.

[15] 周能武，卢双舫，王民，等.中国典型陆相盆地致密油成储界限与分级评价标准[J].石油勘探与开发，2021，48(05)：939-949.

[16]李军.致密油藏储量升级潜力不确定性评价方法及应用[J].石油与天然气地质,2021,42(03):755-764.

[17]付锁堂,金之钧,付金华,等.鄂尔多斯盆地延长组7段从致密油到页岩油认识的转变及勘探开发意义[J].石油学报,2021,42(05):561-569.

[18]刘江斌,吴小斌,李旦,等.鄂尔多斯盆地双龙地区延长组长6致密油成藏主控因素[J].矿物岩石,2021,41(01):116-127.

[19]杨智,邹才能,吴松涛,等.从源控论到源储共生系统——论源岩层系油气地质理论认识及实践[J].地质学报,2021,95(03):618-631.

[20]张婷,王克,罗安湘,等.鄂尔多斯盆地三叠系延长组长7致密油成藏组合与模式[J].矿产勘查,2021,12(02):295-302.

[21]肖正录,陈世加,刘广林,等.有限充注动力背景下致密储层油水差异成藏再认识——以鄂尔多斯盆地华池地区延长组8段为例[J].石油与天然气地质,2020,41(06):1129-1138.

[22]张凯为.致密油水平井多级压裂后产能影响因素研究[J].中国石油和化工标准与质量,2020,40(17):39-40.

[23]蒙启安,赵波,陈树民,等.致密油层沉积富集模式与勘探开发成效分析——以松辽盆地北部扶余油层为例[J].沉积学报,2021,39(01):112-125.

[24]岳文成,张鹏,沈焕文,等.致密油藏水平井有效开发技术研究及应用[J].石油化工应用,2020,39(06):67-70.

[25]鞠玮,尤源,冯胜斌,等.鄂尔多斯盆地延长组长7油层组致密砂岩储层层理缝特征及成因[J].石油与天然气地质,2020,41(03):596-605.

[26]李超.鄂尔多斯盆地黄陵区块长6致密砂岩储层特征评价[D].西安:西北大学,2020.

[27]夏宏泉,梁景瑞,文晓峰.基于CQ指标的长庆油田长6—长8段致密油储层划分标准研究[J].石油钻探技术,2020,48(03):114-119.

[28]陈旋,刘俊田,龙飞,等.三塘湖盆地二叠系凝灰岩致密油勘探开发实践及认识[J].中国石油勘探,2019,24(06):771-780.

[29]于家义,李道阳,何伯斌,等.三塘湖盆地条湖组沉凝灰岩致密油有效开发技术[J].新疆石油地质,2020,41(06):714-720.

[30]李忠兴,李健,屈雪峰,等.鄂尔多斯盆地长7致密油开发试验及认识[J].天然气地球科学,2015,26(10):1932-1940.

[31]严向阳,李楠,王腾飞,等.美国致密油开发关键技术[J].科技导报,2015,33(09):100-107.

[32]杜金虎,刘合,马德胜,等.试论中国陆相致密油有效开发技术[J].石油勘探与开发,2014,41(02):198-205.